CONGRÈS INTERNATIONAL

DE

STATISTIQUE.

CONGRÈS INTERNATIONAL

DE

STATISTIQUE.

SESSIONS DE BRUXELLES (1853), PARIS (1855), VIENNE (1857), LONDRES (1860), BERLIN (1863), FLORENCE (1867), LA HAYE (1869) ET St-PÉTERSBOURG (1872);

PAR

A. QUETELET,

PRÉSIDENT DE LA COMMISSION CENTRALE DE STATISTIQUE DE BELGIQUE.

BRUXELLES,

F. HAYEZ, IMPRIMEUR DE L'ACADÉMIE ROYALE DE BELGIQUE.

1873.

CONGRÈS INTERNATIONAL

DE

STATISTIQUE.

A Monsieur SÉMENOW, directeur du Comité central de statistique de l'empire de Russie, etc., etc.

Vous le savez, mon cher et honorable collègue, la commission centrale de statistique du royaume de Belgique fut créée en mars 1841, par les soins de M. Liedts, alors Ministre de l'intérieur et l'un de nos hommes d'État les plus éclairés. Cette commission, au début, se composait de douze membres, pris parmi les hauts fonctionnaires de nos différents ministères et que l'on pouvait, en général, considérer comme versés dans la connaissance des sciences administratives et politiques. L'appui qu'ils trouvèrent, par leur savoir et par leur rang dans l'administration, leur permit, vu surtout le peu d'étendue du royaume, d'acquérir, après dix années de travaux, des notions assez approfondies sur l'état statistique de la partie confiée à leurs soins. Aussi, vers cette époque, par leurs connaissances et par leurs relations mutuelles, sentirent-ils tous les avantages qu'ils pourraient retirer de leur affiliation à d'autres associations semblables, qui existaient déjà chez plusieurs autres peuples. Un appel bienveillant fut fait dans ce but; et, on peut le dire, la légitimité de cette demande fut peut-être mieux comprise par les gouvernements que par les intéressés eux-mêmes.

C'était en outre, comme vous avez pu l'apprécier mieux qu'aucun autre, le moyen le plus simple de faciliter, dans les transactions sociales, des économies considérables et de temps et d'argent. C'était le moyen aussi de mettre les populations instruites, qui couvrent les différentes parties du globe, dans des relations d'où découlerait une source générale de bien pour tous et qui, d'une autre part, n'occasionneraient de détriment à personne.

L'expérience seule, du reste, pouvait justifier les espérances conçues à cet égard; et vous avez, mieux que personne, pu juger combien elles ont été justifiées. Huit des principaux États de l'Europe, dès le commencement, ont adopté et suivi la marche que la science et la justice nous invitaient à prendre dans nos recherches, et une expérience de vingt années a pu nous montrer combien nos vues, qui s'étaient de plus en plus développées, étaient en parfait accord avec la raison et le bien-être social.

Beaucoup de personnes cependant, au milieu de cet état de choses, ont pu se demander si ce bien-être présumé était réel en effet, et si des progrès avaient été faits par l'humanité dans sa marche, progrès de nature à donner à celle-ci une impulsion plus ferme et plus droite : si ses habitudes et ses institutions avaient pu y gagner, et si les lumières intellectuelles avaient pris plus de développement. Il devenait intéressant de faire des recherches à ce sujet; et le seul moyen de s'écarter le moins possible de la vraie marche de l'humanité, était de suivre attentivement ses pas et de prendre acte de ses différents degrés d'avancement s'il y avait lieu d'en constater, ou d'un état contraire, s'il pouvait exister malgré nos désirs. C'est ce désir qui m'a porté à jeter un coup d'œil sur le chemin parcouru, afin de voir s'il s'est produit des faits avantageux ou contraires au bien que nous espérions obtenir. J'ai cru, en conséquence, devoir prendre autant que possible la société au moment où se faisaient les premières observations, et constater avec soin son état physique et moral à ce moment. Une seconde réunion permit déjà de mieux apprécier cet état et d'établir des comparaisons avec ce qui existait d'abord, puis de juger des changements effectués dans l'ordre physique, moral et intellectuel. Chaque année apportait des observations plus nombreuses et plus sensibles, qui permettaient d'en retirer les avantages les plus grands. Plusieurs de nos collègues ont peut-être attaché moins de prix à ces observations; mais les plus habiles, les penseurs les mieux préparés ont pu remarquer les changements survenus et les améliorations qu'on était en droit d'espérer. Quoique les faits recueillis soient encore bien peu nombreux, ils sont cependant suffisants pour juger de l'état d'avancement de l'entreprise.

J'aurais désiré qu'un esprit plus pénétrant que le mien se fût occupé de semblables recherches, mais j'espère toutefois qu'on voudra bien m'excuser d'avoir osé les entreprendre, et de croire que nous sommes dans une position à montrer dès à présent ce que nous pouvons attendre de l'avenir.

J'ai cru devoir m'adresser à vous, mon cher et honorable collègue, parce que je ne doute pas de votre amitié à mon égard et de l'indulgence dont vous feriez preuve si je me faisais des illusions. J'en dirai autant de nos confrères, et particulièrement des Secrétaires des différents congrès, qui ont tous montré du talent et de la bienveillance, et qui sont à même de bien juger des avantages que nous avons pu obtenir. C'est à eux surtout que s'adresse cet écrit, dans l'espoir que mon exemple pourra inspirer le désir de donner plus de développement et plus d'exactitude à mes remarques. Vers la fin du travail, j'ai indiqué quelques vues spéciales, qui tendent à prouver, je crois, combien l'homme aurait à gagner, spécialement en étudiant les lois naturelles qui le concernent et qu'on a méconnues jusque dans ces derniers temps. L'homme, en effet, jusqu'à cette époque, s'est jugé entièrement libre et indépendant; il ne croyait avoir de lien avec aucun autre être organisé; et cependant en examinant attentivement l'état des choses, en soumettant cet examen aux lois les plus rigoureuses, on est obligé de reconnaître qu'il existe, entre les hommes d'un même âge et faisant partie d'une même population, les rapports les plus marqués : que sur dix mille hommes, de trente ans, par exemple, pris dans un même pays, on peut reconnaître quelles sont les valeurs qui expriment les tailles, les poids, les forces, les vitesses, etc. Je ne me bornerai pas seulement à citer les qualités physiques : les résultats pour l'état moral et pour l'état intellectuel sont peut-être plus remarquables encore et plus faciles à reconnaître. Ces lois, d'ailleurs, ne se remarquent pas exclusivement chez l'homme; on les trouve aussi chez les animaux; on les trouve même chez les plantes : c'est donc, comme on le voit, une des lois les plus simples et les plus remarquables qui existent.

Permettez-moi, comme preuve, mon cher et honorable collègue, de vous citer un seul exemple. Il m'est fourni par l'un de nos amis les plus estimés, le bon et savant M. Samuel Brown, qui vient de m'envoyer, avec son obligeance ordinaire, un écrit qu'il a publié tout récemment sur l'objet de mes recherches [1] : il fait connaître, dans ce travail, les lois relatives aux tailles humaines; il fait voir l'extrême symétrie de ces tailles; il cite les exemples qui en font preuve, en contrôlant mes recherches par les résultats qu'ont trouvés différents savants de France, d'Angleterre, des États-Unis, de l'Italie, de la Suisse, etc., ou même en examinant les mesures métriques des circonférences des poitrines d'un grand nombre de soldats des armées d'Écosse et d'Amérique. Je ne puis que vous renvoyer à l'opuscule de notre savant collègue, qu'il termine en disant : « *M. Quetelet has shown in a series of valuable tables how these principles ought to be applied, and what important and interesting deductions may be drawn from them.* »

[1] *On the application of the binomial law to statistical enquiries, illustrated by the law of the growth of man at different ages*, by Samuel Brown, F. S. S. — Brochure in-8°, chez Layton, imprimeurs, 150, Fleet street, Londres.

Ad. QUETELET.

INTRODUCTION.

A la suite des guerres qui avaient ensanglanté le commencement de ce siècle, plusieurs découvertes importantes s'étaient successivement fait jour : ces découvertes ont amélioré l'état des peuples, en leur apportant quelques inventions utiles, en échange d'un état social parfois déplorable. Ainsi, l'un des premiers progrès fut réalisé par la photographie, qui fut la source de si grands avantages, en fixant rapidement et en multipliant, avec de faibles dépenses, l'empreinte, agrandie ou réduite, des objets extérieurs. La télégraphie électrique fit plus encore; elle se chargea de transmettre des communications à des distances énormes, avec une vitesse qu'on peut dire instantanée. C'est alors aussi que la force de la vapeur fut utilisée pour aider le travailleur au fond des fabriques, pour hâter la vitesse des vaisseaux sur mer, et leur donner les moyens de se porter avec rapidité d'une extrémité du monde à l'autre.

Toutes ces merveilles ont été produites en moins d'un demi-siècle, et cependant la liste est loin d'être épuisée : elle s'accroît, de nos jours encore, d'une manière étonnante. C'est au milieu de ce mouvement général qui agite notre société, et qui a donné à toutes choses une impulsion et une activité nouvelles, que les gouvernements, de leur côté, ont cherché à tirer également parti des progrès immenses accomplis par les sciences. Ces progrès, qu'on n'avait fait qu'entrevoir jusqu'alors, renouvelèrent, en quelque sorte, l'existence de plusieurs connaissances humaines, en facilitant les relations et les travaux de ces mêmes gouvernements. Un premier essai fut entrepris, dans le but surtout de mettre les États en communication, et pour introduire, dans leurs relations respectives, une *unité* qui simplifiât les écritures, en même temps que la nature des monnaies et des mesures. Cette partie tant négligée produisait de grandes pertes de temps : toutes les nations en reconnaissaient les inconvénients, mais on ne détruit pas facilement, et en un jour, quels que soient leurs défauts, tous les liens qui existent chez un peuple. Je dirai même que les pays les plus avancés sont généralement ceux qui mettent le plus de temps à réaliser cette unification tant désirée. Ils croient devoir, par esprit national, maintenir leurs poids et mesures, tandis que les autres pays sont désireux, avant tout, de pouvoir les améliorer et s'entendre facilement d'un bout du monde à l'autre.

Ces idées sur la *statistique générale* et sur les avantages qu'on peut en tirer, ont fini cependant par être profondément appréciées par la plupart des peuples. Peu à peu les préjugés se sont effacés, et nous verrons, en jetant un coup d'œil sur l'état de notre statistique contemporaine, quels pas immenses cette belle science a faits depuis son origine et quels avantages elle a procurés, principalement aux gouvernements.

On sait que la statistique ne s'est réellement organisée qu'après le commencement de ce siècle, car on ne peut guère faire remonter son origine avant la fin du premier empire français. C'est vers 1820 que commencèrent à paraître les premiers documents statistiques et que furent publiés, dans les principaux pays, des renseignements que l'on n'avait pu recueillir avant cette époque [1]. Alors parurent, surtout en France et en Angleterre, des documents qui excitèrent au plus haut point l'attention des penseurs et des hommes politiques véritablement désireux de connaître la situation et les ressources de chaque pays.

La plupart des États sentirent dès lors la nécessité de faire recueillir avec soin les données statistiques qui pouvaient les éclairer sur la marche des choses et sur les besoins de chaque service administratif. On vit alors des hommes du premier rang s'occuper de ces sortes de recherches et prêter obligeamment leur appui aux gouvernements, pour avancer d'un pas sûr dans ces voies nouvelles. La statistique officielle put prendre une marche plus ferme; et pour n'en citer qu'un seul exemple, il suffira de citer le remarquable ouvrage intitulé : *Statistique de Paris*, à la publication duquel le célèbre Fourier, secrétaire de l'Académie des sciences de France, prit la part la plus active. Signalons encore les renseignements sur les Tribunaux criminels et de simple police de France, qui peuvent être cités, aujourd'hui encore, comme des modèles pour ces genres de travaux. On ne montra pas moins d'activité dans les autres pays, et ces heureux exemples aidèrent à placer enfin la science de la statistique dans la place qui lui convenait le mieux.

[1] C'est le 26 octobre 1832 que fut rétablie l'*Académie des sciences morales et politiques de France*, et, le 5 mars suivant, parut le *Règlement particulier* de ses travaux. — L'article 3 du titre IV de la loi du 3 brumaire an IV, concernant l'instruction publique, qui établissait et organisait dans l'Institut national une classe des sciences morales et politiques, fut supprimé le 3 pluviôse an XI, c'est-à-dire après sept années d'existence. Il est important de signaler ces faits, car c'est de cette époque que date l'étude de la statistique *relative aux phénomènes terrestres*, qu'il faut distinguer de celle qui concerne les *phénomènes célestes*, dont s'étaient occupés déjà, dans le siècle précédent, les plus illustres géomètres.

Les éléments pour étudier les phénomènes terrestres manquaient presque totalement, avant la fin des guerres qui avaient affligé la société d'une manière si douloureuse, dans les pays même les plus civilisés. Ce manque des éléments les plus nécessaires mettait les savants dans l'impossibilité d'aborder l'examen des phénomènes de physique, qui méritaient le plus leur attention.

CONGRÈS INTERNATIONAL DE STATISTIQUE

DE BRUXELLES (1853).

Les gouvernements, comme nous l'avons dit précédemment, s'associèrent au genre de recherches dont nous venons de parler : on vit alors s'organiser, dans quelques États, des Conseils de statistique chargés d'étudier les faits numériques et de les soumettre à des examens sévères. En Belgique, par exemple, M. Liedts, ministre de l'intérieur, forma, dès le mois de mars 1841, une Commission composée de plusieurs des principaux fonctionnaires de l'État (¹).

Ces hommes d'élite envisagèrent de la manière la plus sérieuse l'importante mission qui leur était confiée : les relations amicales qui s'établirent entre eux les portèrent à étudier avec soin les documents statistiques dans les différentes parties du pays. Ils comprirent la marche qu'il fallait suivre, pour mettre de l'unité dans ces documents et pour les coordonner de manière à pouvoir se former une idée de leur ensemble.

Une excellente publication, que M. Liedts crut devoir, par la suite, attacher aux travaux de la statistique, couronna l'ensemble des mesures prises dans d'intérêt de ces travaux. Ce fut la création d'un *Bulletin de la Commission centrale de statistique,* dans lequel furent insérés les documents relatifs aux travaux de cette Commission et des renseignements sur la manière de simplifier le plus possible la rédaction des pièces officielles.

Ces premières études ou recherches se prolongèrent jusqu'en 1853, c'est-à-dire pendant douze années; et la Commission était arrivée à la publication du sixième volume in-4° de son *Bulletin,* quand elle sentit le besoin de donner un nouveau développement à ses tra-

(¹) Voici les noms des membres qui la formaient : L. Veydt, directeur des consulats; Aug. Visschers, directeur de l'administration des mines; Malou, directeur de la division de législation; Éd. Ducpetiaux, inspecteur général des prisons; D. Sauveur, commissaire inspecteur du service civil de santé; Éd. Smits, ancien directeur de la statistique; V. Misson, chef des travaux de statistique commerciale; Schlim, colonel d'état-major; C. De Tournay, inspecteur des contributions; Perrot, homme de lettres; Bertaut, chef de statistique financière au ministère des finances; Ad. Quetelet, président de la Commission et directeur de l'Observatoire; Heuschling, chef de division au ministère de l'intérieur, secrétaire.

vaux et reconnut la nécessité de les étendre, s'il était possible, aux autres nations, pour permettre des comparaisons utiles. L'étude de la statistique ne se réduit pas, en effet, à la connaissance de quelques faits isolés, réunis parfois en trop petit nombre pour qu'on puisse en retirer tous les fruits désirables; s'il est une science qui demande de l'étendue et embrasse une multitude de faits, c'est particulièrement la statistique. Aussi la Commission n'eut-elle pas de peine à s'entendre avec les nations voisines et à obtenir leur concours.

Quand l'appel fut fait par le gouvernement belge à tous les États de l'Europe, en les invitant à envoyer à Bruxelles un ou plusieurs représentants dans la vue de s'entendre sur l'étude de la statistique gouvernementale, il leur fut répondu de toutes parts de la manière la plus courtoise; et l'on prit l'engagement de rédiger un plan général et uniforme pour recueillir les documents les plus essentiels dans les différents pays de l'Europe. Nous croyons devoir donner ici un aperçu de ce congrès général, qui permettra de juger, avec plus de facilité, des idées qui prévalurent dans une réunion de cette importance (¹).

« Le congrès général de statistique qui s'est réuni à Bruxelles, les 19, 20, 21 et 22 septembre 1853, comptait environ cent cinquante membres, appartenant à vingt-six États différents.

» Il y avait deux espèces de séances : les unes pour les délégués des gouvernements seulement, et les autres *générales*, pour ces mêmes délégués et pour les personnes qui s'étaient fait inscrire au bureau de l'Association.

» On tenait à connaître les avis du public instruit, qui pouvait éclairer de ses lumières l'Association. Ces distinctions ont été maintenues depuis l'origine jusqu'à ce jour.

» L'initiative de la réunion de ce congrès est due à la Commission centrale de statistique de Belgique, qui s'était activement occupée de ce projet depuis plus de deux années.

» Ce fut à Londres, pendant l'Exposition universelle de l'industrie, qu'eurent lieu les premiers entretiens sur la possibilité de la réalisation d'une idée qui ne laissait pas que de présenter des difficultés d'exécution.

» Forts de l'assentiment de plusieurs savants anglais, français, allemands et même américains, les auteurs de la proposition n'hésitèrent pas à y donner suite. C'est à la demande expresse des savants étrangers de tous les pays, que Bruxelles fut désignée comme siége du futur congrès.

» Les circonstances politiques firent ajourner d'abord la réunion projetée et fixée en l'automne de 1852. La première circulaire de la Commission centrale à ses correspondants et aux savants statisticiens étrangers, est du 1er mai 1852. On les consultait, non-seulement sur le projet de réunion du congrès, le temps et le lieu de ses séances, mais encore sur le choix des questions à soumettre aux délibérations de l'assemblée.

(¹) Voyez le tome VI (page 5) du *Bulletin de la Commission centrale de statistique*, in-4°. Bruxelles, chez Hayez; 1853.

» Une seconde circulaire, du 20 mai 1853, mettant à profit les observations adressées de différents côtés à la Commission, fixa le lieu et l'époque de la réunion, ainsi que le choix des questions; elle transmettait en même temps aux savants, invités à se rendre au congrès, le projet de solutions qui, conformément à quelques précédents, avaient été préparées pour faciliter la discussion et le vote des résolutions.

» Les questions devaient être discutées, d'abord dans les sections, et ensuite en assemblée générale, avec les conclusions de chaque section.

» Dans la première réunion de Bruxelles, on proposait d'établir trois sections, et de répartir les questions entre elles, ainsi qu'il suit :

Première section.

1. Organisation de la statistique.
2. Recensement de la population, enregistrement des naissances, mariages et décès.
3. Territoire, cadastre, morcellement des propriétés.
4. Émigrations et immigrations.

Deuxième section.

5. Recensements agricoles.
6. Statistique industrielle.
7. Statistique commerciale.

Troisième section.

8. Budget économique des classes laborieuses.
9. Recensement des indigents.
10. Instruction et éducation.
11. Criminalité et répression.

« Un projet de règlement pour les séances était joint à la seconde circulaire.

» Le Congrès a approuvé ce règlement et, par là même, la division en sections et le choix des questions.

» La Commission centrale avait délégué à un comité, pris dans son sein, la mission de veiller à tous les détails d'organisation du congrès. Ce comité se composait de MM. Quetelet, *président,* Visschers, Ducpetiaux, Partoes et Heuschling. Ces messieurs ont formé le bureau provisoire du congrès, qui a été confirmé ultérieurement comme bureau définitif, par les acclamations de l'assemblée.

» Le plan conçu par la Commission centrale avait été soumis à M. le ministre de l'intérieur, qui l'avait approuvé. Son collègue, M. le ministre des affaires étrangères, ayant donné connaissance du projet de réunion aux légations et aux principaux consulats de Belgique en Europe et en Amérique, les chefs de ces missions à Londres, Paris, Marseille, Lisbonne, Berne, Turin, Berlin et Francfort, s'étaient empressés d'informer le gouvernement de la sympathie avec laquelle ce projet avait été accueilli. Plusieurs gouvernements, ceux de la Grande-Bretagne, de la France, de l'Autriche, de la Prusse, de la Saxe, de la Bavière, du Wurtemberg, de la Sardaigne, de l'Espagne, du Portugal, du Danemark, de la Suisse, avaient autorisé les chefs de leurs bureaux de statistique à venir prendre part aux délibérations du congrès, ou avaient délégué des savants pour y assister. Sous ce rapport l'attente de ses promoteurs a été dépassée.

» La session du congrès général de statistique de 1853 a posé les fondements d'un accord, et elle est convenue d'une entente entre les administrateurs et les savants des divers pays, qui s'occupent de l'art difficile de recueillir des observations statistiques. Il est à espérer que les travaux qui appartiennent à cette science seront dorénavant entrepris, dans tous les États, d'après les bases arrêtées au congrès de Bruxelles. Ce n'est plus un vœu théorique, de voir les États adopter des bases uniformes pour les travaux statistiques, afin de rendre comparables les résultats obtenus dans différents lieux ; la possibilité de réaliser cette idée a été proclamée; les cadres ont été arrêtés et la lecture du compte rendu qui suit montrera ce qu'il est permis d'attendre de la sagesse, de la maturité, de la parfaite intelligence et de la bonne harmonie qui ont présidé aux délibérations du congrès (¹). »

On peut juger, d'après ce qui précède, que, dès la première réunion, on s'accordait parfaitement à reconnaître l'opportunité et l'utilité d'un congrès international de tous les pays; on comprit qu'il était indispensable de favoriser l'union des peuples et les intérêts qu'on en pouvait déduire; on comprit surtout que les réunions temporaires offraient le moyen le plus sûr d'établir la fraternité entre les peuples et de parvenir à des résultats qu'il aurait été impossible d'obtenir par d'autres moyens. Le but d'utilité fut si bien apprécié, que jamais, depuis vingt ans que l'association existe et qu'elle a parcouru les principales contrées de l'Europe, il ne s'est glissé, dans aucune réunion, un mot désobligeant pour aucun peuple, ni le moindre germe de discorde.

Dès la première séance (19 septembre 1853), le congrès, par l'organe de M. Villermé, proposa de reconnaître le bureau qui s'était formé, comme nous l'avons indiqué précédemment, et de nommer, pour président honoraire, M. Piercot, ministre de l'intérieur, qui avait appuyé de tous ses moyens l'institution nouvelle.

(¹) Les séances générales avaient lieu à l'ancienne Cour des ducs de Bourgogne, dans la grand'salle des Académies. Les réunions des sections se tenaient dans les salles des séances des deux Académies, qui avaient été préparées à cet effet.

M. le comte Arrivabene proposa, de son côté, de nommer vice-présidents du congrès les savants dont les noms suivent :

France	M. Villermé;
Autriche	M. le baron de Czœrnig;
Grande-Bretagne.	M. William Farr;
Prusse	M. Dieterici;
Allemagne	M. Mittermaier;
Pays-Bas	M. Ackersdyck;
Espagne.	M. Ramon de la Sagra;
Italie	M. Bertini.

Avant de commencer les travaux, M. le président prononça quelques mots sur la nature de l'institution nouvelle qui venait d'être créée.

« Chacun de vous, sans doute, a été frappé, dit-il, du défaut d'unité qu'on rencontre en général dans les documents statistiques de différents pays, et de l'impossibilité où l'on est, presque à chaque instant, d'établir des comparaisons entre eux. Les hésitations qu'on éprouve causent des pertes de temps déplorables et conduisent parfois aux erreurs les plus fâcheuses. Les inconvénients sont trop évidents, ils ont été trop souvent signalés par les bons esprits pour qu'il soit nécessaire de s'attacher à les mettre en relief [1].

» On sait, d'une autre part, que le moyen le plus sûr de faire progresser les sciences est d'en perfectionner le langage et d'adopter des notations uniformes qui permettent de résumer plus facilement un grand nombre d'idées, et de rapprocher plus de faits pour en saisir les rapports et les lois.

» Ces considérations si simples et si élémentaires se sont présentées, avec une force nouvelle, lors de la grande Exposition de Londres, ce bazar universel où toutes les parties du monde civilisé sont venues étaler les merveilles de leur art et de leur industrie. Devant ces trésors réunis, ce n'était pas seulement la confusion des langues qui faisait obstacle à l'échange des idées; c'était surtout l'insuffisance où l'on était de comparer tant de choses et de ramener à une même appréciation les forces et les richesses de tant de nations.

» Frappés de ces inconvénients, quelques amis des sciences politiques sentirent le besoin de se concerter pour arriver, autant que possible, à un langage uniforme. Plusieurs d'entre vous, Messieurs, se trouvaient à Londres à cette époque, et ils se rappelleront, sans

[1] Ce passage et ceux qui suivent ont été insérés également, par M. Legoyt, dans le *Compte rendu* de la 2e session du congrès international de statistique, réuni à Paris les 10, 12, 13, 14 et 15 septembre 1855 (1 vol. in-4°; Paris, 1856).

doute, qu'il fut question, dès lors, d'avoir des réunions spéciales pour cet objet; mais les préoccupations du moment les firent ajourner. Il fut convenu qu'on se rencontrerait, plus tard, sur une espèce de terrain neutre placé entre plusieurs des principaux États de l'Europe; et le rendez-vous fut fixé à Bruxelles. Il devait avoir lieu en 1852, mais des circonstances politiques forcèrent de le différer d'une année.

» La Commission centrale de statistique de Belgique, encouragée par de nombreux savants de différents pays, accepta avec plaisir la noble mission qui lui semblait dévolue. Dès lors, elle ne négligea rien de ce qui pouvait la conduire d'une manière plus sûre au but qu'elle se proposait d'atteindre : elle eut recours aux lumières des hommes qui s'étaient le plus spécialement occupés des études statistiques, et ce ne fut qu'après avoir été rassurée par leurs suffrages qu'elle posa les bases de ce congrès scientifique.

» Elle comprit que les premiers efforts d'une semblable réunion devaient tendre, surtout, à introduire de l'unité dans les statistiques officielles des divers pays et à en rendre les résultats comparables : sans possibilité de comparer, en effet, il ne saurait y avoir de progrès dans les sciences d'observation.

» Il était donc important d'intéresser les gouvernements à ce projet et de leur en faire apprécier l'importance. L'instant paraissait d'autant plus opportun que la commission trouvait dans le gouvernement belge plusieurs protecteurs éclairés des études politiques. Son espérance ne fut point trompée : MM. les ministres de l'intérieur et des affaires étrangères voulurent bien interposer leurs bons offices et inviter les gouvernements étrangers à envoyer à ce congrès les fonctionnaires qui, chez eux, sont plus particulièrement chargés de la rédaction des statistiques officielles. La France, la Grande-Bretagne, l'Autriche, la Prusse, la Saxe, la Bavière, le Wurtemberg, la Suisse, le Piémont, l'Espagne, le Portugal, ont répondu à cet appel, et nous ont envoyé des savants dont nous serons heureux de consulter l'expérience.

» Plusieurs des sociétés savantes qui s'occupent des études politiques ont également témoigné leur sympathie à notre congrès; quelques-unes même ont voulu y être représentées : nous citerons avec reconnaissance l'Académie royale de Belgique, la Société de statistique de Londres, la Société d'économie politique de Paris, le Comité d'Édimbourg pour la formation d'un code international de lois commerciales, la Commission supérieure de statistique des États sardes, la Société des géorgophiles de Florence, la Société de statistique de Marseille, le Conseil de santé à Genève, etc.

» D'une autre part, les commissions provinciales de statistique de Belgique, non-seulement nous ont envoyé des délégués, mais pour préparer la solution d'une des questions les plus intéressantes de notre programme, celle relative à la condition des classes ouvrières, elles nous ont fait parvenir des documents de la plus grande importance. Ces documents seront soumis à votre examen.

» Ce n'est qu'après avoir bien étudié le corps social qu'on peut en apprécier les tendances et les besoins; ce n'est qu'après avoir sondé attentivement ses plaies qu'on peut trouver les remèdes convenables.

» Rien ne paraît plus propre à mettre en évidence l'assentiment que notre congrès a rencontré partout, que le simple relevé des listes de présence, qui témoigne que vingt-six pays différents s'y trouvent représentés.

» En jetant les yeux sur cette réunion imposante, un fait bien significatif se révèle d'abord, et nous sommes heureux de pouvoir le constater, c'est la présence, ici, d'un grand nombre d'économistes du talent le plus distingué, présence qui proteste contre le prétendu divorce que quelques esprits chagrins voudraient voir prononcer entre la statistique et l'économie politique, entre l'observation et la science, qui se doivent un appui mutuel et qui s'éclairent l'une l'autre. Sans doute il est des écarts dont la statistique s'est rendue coupable, des abus auxquels elle s'est prêtée en voulant étayer de faux systèmes ou faire prévaloir des idées préconçues; sans doute, elle est sortie parfois des limites dans lesquelles elle doit se renfermer; mais les bons esprits n'ont jamais songé à proscrire une science, surtout une science naissante, pour s'être écartée parfois de sa véritable direction. Combien de temps l'astrologie n'a-t-elle pas usurpé la place de la véritable science des astres; l'alchimie, le rang de la science des Lavoisier et des Berzélius! Chaque science a débuté par des méprises, souvent même par de déplorables abus. Ce qui peut nous étonner, ce n'est pas que la statistique ait erré, mais que, si près de sa naissance, elle ait déjà compris sa mission et senti le besoin de régulariser sa marche.

» Ce congrès, si je ne me trompe, commencera pour elle une ère nouvelle. La statistique entre dans la même phase que plusieurs autres sciences, ses sœurs aînées, qui ont apprécié, comme elle, le besoin d'adopter une langue commune et d'introduire de l'unité et de l'ensemble dans leurs recherches.

» Il y a quelques jours, Bruxelles voyait s'ouvrir un autre congrès, ayant les mêmes tendances, le même objet que le nôtre. Il s'agissait également de mettre les observateurs des différents pays dans des rapports de bienveillance, de leur proposer des méthodes uniformes pour simplifier leurs travaux, et pour en rendre les résultats comparables. *Le but était l'étude des grands courants de l'atmosphère et des principales mers du globe* : le nôtre n'est ni moins vaste ni moins relevé; il s'agit aussi d'étudier, dans un autre ordre de choses, les fluctuations que présentent les sociétés modernes, ainsi que leurs courants et leurs écueils. Puissions-nous accomplir avec succès notre noble mission, et servir, nous aussi, la cause de la science et celle de l'humanité (¹)! »

(¹) Par une espèce de hasard, j'assistai à ces deux congrès de Bruxelles (pour la *marine* et pour la *statistique*) qui se réunirent en 1853 et à *deux mois* de distance seulement. Vingt ans après, une même réunion fortuite devait avoir lieu à Saint-Pétersbourg, mais cette fois plus particulièrement pour étudier le tracé d'un réseau continu d'observations à établir autour du globe, en passant par New-York, Londres, la France, la Prusse, la Russie d'Europe et d'Asie, pour reprendre l'Amérique à S.-Francisco. Malheureusement

On conçoit que les différents *statisticiens* de l'Europe, en se trouvant réunis pour donner plus d'impulsion et d'activité à leur science, durent insister avant tout sur la marche des études qu'ils croyaient devoir employer et se mettre au courant des méthodes suivies dans les différents pays. Cet examen des systèmes d'observation fut exclusivement indiqué et présenta un véritable intérêt aux observateurs; on comprit que, pour marcher avec sûreté et pour rendre les comparaisons faciles, il devenait indispensable *d'employer les mêmes méthodes* et *d'observer les mêmes instruments, portant les mêmes échelles et gradués d'une manière homogène.* Il est de la plus grande importance, en effet, d'employer les mêmes unités de mesures : suivre un autre système serait se condamner à une perte de temps considérable, pour parvenir, chaque fois, à des résultats qui seraient incomparables entre eux.

C'était la première fois qu'on parlait d'une *statistique générale* : ce fut donc aussi la première fois que l'on eut à s'occuper de la rédaction d'une statistique qui pût être comparée, dans toutes ses parties, d'une nation à l'autre, sans qu'on eût à s'occuper d'assimiler les documents des différents pays et sans devoir recourir à des expédients nombreux pour en comparer immédiatement tous les résultats. Cette première étude était de la plus grande nécessité; et il fut convenu, avec le plus complet assentiment, que l'unité des mesures était essentielle et que le premier travail à faire était de la demander aux différents observateurs. Ce point important fut decidé à l'unanimité, et il fut convenu en même temps de chercher à obtenir, du moins autant que possible, l'unité dans tous les calculs des différents pays, de même que l'unité monétaire principale. On sait que les nations ont adopté, depuis, cette uniformité qui a déjà produit de si grands avantages. On peut effectivement assurer que l'unité des mesures et des monnaies, du moins autant qu'on a pu l'établir jusqu'à présent, est une des acquisitions les plus utiles qu'aient obtenues les efforts des gouvernements, stimulés par les avis unanimes de leurs délégués. *Au lieu de l'individualité des États, on doit voir l'ensemble des États fonctionnant comme les membres d'un même corps, animés des mêmes principes.*

Ce ne fut donc pas sans motif que le premier jour de la réunion du *congrès général de statistique* fut uniquement employé à examiner le but essentiel de cette réunion et à chercher les moyens d'y parvenir. Les jours suivants furent consacrés à l'examen des principaux problèmes qu'offre la statistique et il fut convenu, ainsi qu'il a été dit précédemment, que les membres du congrès seraient répartis, pour les travaux préparatoires, en trois

M. Maury, qui devait nous être d'un si grand secours en cette circonstance, cessa de vivre au moment même où il aurait pu nous rendre le plus de services. Ainsi que l'indique le compte rendu de la 8e *session du congrès international tenu à Saint-Pétersbourg* (page 114; in-8°, 1872, Saint-Pétersbourg), « une commission, composée de MM. le baron d'Osten Sacken, l'amiral Gorkovenko, Séménow et Quetelet, avait été nommée, par la 1re section, pour examiner la proposition de M. le commodore Maury, de concert avec ce savant ..... » — Nous ferons connaître, plus tard, les détails concernant la fin de ce navigateur illustre.

sections respectivement chargées d'arrêter provisoirement et de proposer à l'assemblée générale la solution des questions indiquées au programme.

Chaque section désignait son président, son secrétaire et un ou plusieurs rapporteurs. On admit en général un règlement d'ordre pour la direction des séances. On ne pouvait assister aux réunions qu'au moyen de cartes d'entrée, qui étaient accordées de la manière la plus facile, surtout aux étrangers.

La troisième journée de l'association fut honorée par la présence de S. M. le Roi des Belges, qui montra, dans cette occasion, l'intérêt qu'il portait aux sciences et aux lettres, et qui se fit ensuite un plaisir d'accueillir dans son palais la savante assemblée.

S. M. le Roi, en uniforme d'officier général, et LL. AA. RR. le duc de Brabant et le comte de Flandre, dans la tenue de leur grade, précédés de M. le président et suivis de MM. les vice-présidents, ainsi que de MM. Piercot, ministre de l'intérieur, Liedts, ministre des finances, et Ch. Faider, ministre de la justice, entrèrent dans la séance au milieu des acclamations générales de l'auditoire.

Après avoir pris les ordres du Roi, M. le président donna la parole à M. Horace Say, rapporteur de la seconde section. Ce savant distingué présenta un aperçu rapide sur la statistique industrielle et sur les données à recueillir. Il fut remplacé par M. Delneufcour, pour un rapport sur l'industrie des mines et minières, puis par M. d'Avila, délégué du gouvernement portugais, qui lut un rapport sur l'organisation de la statistique dans son pays.

Le Roi se leva ensuite et s'entretint pendant quelques instants avec divers membres, spécialement avec M. Mittermaier, qu'il félicita pour l'excellent discours que ce savant avait prononcé la veille sur la statistique criminelle. Sa Majesté se retira alors, au milieu des mêmes acclamations qui avaient salué son entrée dans la salle.

Après le départ de Sa Majesté, plusieurs orateurs prirent encore la parole, entre autres MM. Ducpetiaux, Georges Clermont, Aug. Visschers, Horace Say... Ce dernier savant, au sujet de quelques paroles mal interprétées de M. Visschers, lequel aurait dit que « certaines écoles économistes avaient été égoïstes et ne s'étaient occupées de rien de ce qui touche à l'amélioration de l'espèce humaine et de l'ordre social », s'exprima de la sorte : « J'aurais voulu que l'orateur précisât à quelles écoles il adressait ce reproche, attendu que l'école à laquelle je me fais honneur d'appartenir et qui remonte à Adam Smith, ne mérite pas ce reproche formulé sans bonne foi, dans ces derniers temps, par quelques écrivains socialistes. Je proteste de toutes mes forces contre cette accusation en tant qu'elle s'adresserait à l'école à laquelle j'appartiens, et je regrette que M. le rapporteur, en parlant d'une manière générale, ait pu laisser planer un reproche comme celui-là sur l'ensemble des écrivains qui se sont occupés d'économie politique. Je me plais à croire que les petits dissentiments qui ont pu s'élever entre les statisticiens et les économistes à leur origine sont éteints, et que les deux sciences marchent d'accord. » (*Très-bien!*). Ce désaccord provenait simplement d'un malentendu entre les deux savants. MM. Visschers et Horace Say s'étaient mal compris, et il n'y avait nul désaccord entre eux au sujet de la question qui semblait les diviser momentanément; mais il est à remarquer que, dans cette occasion, s'est présentée naturellement l'occasion d'exprimer ouvertement, et l'on peut dire sympathiquement, l'intention qu'avaient les statisticiens à ne se séparer en aucune façon des économistes; ce serait faire d'ailleurs le plus grand tort à ces deux branches si importantes et si essentielles des connaissances humaines, que de ne pas les réunir. M. Visschers répondit qu'il « n'avait point appliqué l'épithète d'égoïste et d'indifférente aux souffrances des classes laborieuses, à l'école d'économistes fondée par Adam Smith, dont l'illustre père de l'honorable M. Horace Say avait été le propagateur en France. Il n'avait point appliqué ces expressions à M Horace Say lui-même, ni à ces économistes qui l'entourent et le considèrent comme un de leurs membres les plus distingués. »

Nous nous bornerons, par conséquent, à signaler ici ce malentendu, qui fera mieux comprendre que les statisticiens proprement dits savent aussi apprécier, comme ils le doivent, la reconnaissance due aux savants qui enrichissent le domaine de l'économie politique de leurs travaux.

En commençant la séance du 22 septembre, à 2 heures de l'après-midi, M. le président annonça qu'elle serait la dernière du congrès; il fit connaître en même temps que quelques membres avaient exprimé le désir de voir aborder la question du cadastre. « Cette question est effectivement de la plus haute importance, dit-il; il paraît que dans quelques pays on attend même les décisions qui seront prises à cet égard. Nous avons parmi nous des hommes distingués qui se sont occupés de cet objet : je proposerai donc que les membres qui ont traité spécialement de cette question, tels que MM. Farr, d'Avila, Hermann et autres se réunissent en section particulière. Probablement ces messieurs seront à même de vous présenter leurs conclusions avant la fin de la séance. » (*Appuyé! appuyé!*)

Les membres qui voulurent bien prendre part à la délibération en section se retirèrent. Pendant que cette séance spéciale avait lieu, le reste de l'assemblée examina successivement quelques questions importantes, parmi lesquelles nous signalerons plus spécialement les suivantes :

Recensement agricole. — Données à recueillir. — Mode d'opérer.
Recensements généraux de la population.
Assurances contre l'incendie.

Les résolutions qui furent prises à ce sujet ont été données avec tous les développements nécessaires dans le *Compte rendu* du congrès, pages 143 à 165. Je ne puis donc que renvoyer à cet ouvrage, afin de ne pas dépasser les limites assignées au présent travail.

Je mentionnerai toutefois les propositions qui furent adoptées en dehors du programme arrêté d'avance par la commission organisatrice, et qui avaient surtout pour but d'attirer l'attention des réunions futures sur plusieurs points très-intéressants. Voici ces résolutions :

« 1° Le Congrès exprime le vœu de voir les principes qui ont déterminé les dernières réformes postales de différents pays, introduits dans les relations postales internationales;

» 2° De voir diminuer, ou même disparaître, les grandes divergences qui se remarquent dans la législation commerciale des différents pays;

» 3° Qu'en considération des phénomènes spéciaux que présentent, sous le rapport de la santé publique, de la moralité, de la criminalité, etc., les fortes agglomérations de population, des statistiques particulières et détaillées soient dressées par toutes les grandes villes;

» 4° Que, dans le programme de la prochaine réunion, soit insérée, sous le titre de *Statistique terrestre*, une nouvelle catégorie de questions à examiner, relatives à la climatologie, à l'orographie, à la géographie végétale, spontanée et agricole, aux phénomènes périodiques de la vie des plantes et des animaux, qui se rattachent aux grands problèmes de la physique du globe, et se trouvent en rapport direct, par leur influence, avec l'hygiène publique, la grande culture, l'exploitation forestière et la constitution de la propriété territoriale..... »

Un grand nombre de questions restaient encore à examiner, mais la promptitude avec laquelle il fallait procéder ne permit guère d'aborder tous les détails. D'ailleurs, le premier but qu'on s'était proposé en organisant un congrès, avait été plus spécialement, comme nous l'avons déjà dit, de chercher à introduire de l'unité dans les statistiques officielles que publient les gouvernements et de rendre les résultats comparables.

« Les travaux particuliers deviendront plus faciles, » disait-on, « quand on aura posé des bases générales auxquelles on pourra les rattacher, et qu'on aura adopté, dans les différents pays, des nomenclatures et des tableaux uniformes : cette espèce de langue universelle, en simplifiant les travaux, leur assurera plus d'importance et de solidité.

» Pour donner de l'unité aux travaux officiels, il faut les ramener à un centre commun; il faut que les principaux fonctionnaires, chargés de la rédaction des différentes branches de la statistique générale, puissent se voir et se concerter ensemble, qu'ils admettent les mêmes divisions, qu'ils adoptent, après mûr examen, les mêmes noms et les mêmes chiffres pour représenter les mêmes objets, qu'ils ne laissent aucune lacune dans les tableaux généraux, et évitent, d'une autre part, les doubles emplois..... »

Dès la première réunion du Congrès international de statistique, on vit percer cette unité que réclamaient avec instance tous les esprits justes. On perdit également de vue l'*individu* pour n'avoir à considérer que la *généralité des hommes*. Cette distinction, qui permet de considérer l'humanité dans sa plus grande étendue, est, selon nous, une des études les plus importantes et des plus dignes d'attention dont le savant puisse s'occuper.

Le *Compte-rendu* général de la réunion de Bruxelles fut publié par la Commission centrale de statistique de Belgique, dans le tome VI de son *Bulletin* in-4°. La même marche fut suivie dans les différentes réunions qui eurent lieu depuis.

CONGRÈS INTERNATIONAL DE STATISTIQUE

DE PARIS (1855).

Le Compte-rendu de la DEUXIÈME SESSION du congrès de statistique, tenue à Paris, commence par l'*arrêté organique* de la commission chargée de préparer le programme du congrès nouveau. Cette espèce d'introduction contient, avec les pièces communiquées par les savants étrangers à la France, un document intéressant formant la *première* partie des travaux du congrès, qui se compose des 195 premières pages de ce Recueil in-4°.

La *deuxième* partie du Compte-rendu renferme les travaux de l'assemblée : elle s'étend de la page 199 à la page 444, et contient successivement l'analyse des pièces qui ont été présentées dans les cinq séances du congrès.

Une *troisième* partie de l'ouvrage renferme des annexes (pages 447 à 476) : le surplus du recueil contient encore une seconde annexe de 57 pages, en caractères plus petits : il est destiné à faire connaître les ouvrages divers, offerts au congrès par des auteurs de différents pays.

On peut juger, par ce qui précède, que la partie la plus intéressante du recueil, pour l'examen que nous avons en vue de faire, est la *deuxième*, qui renferme spécialement les délibérations et les documents sur lesquels les auteurs appelaient de préférence l'attention de l'auditoire : c'est celle qui doit aussi nous occuper plus particulièrement dans cet écrit.

Dans la session du congrès statistique de Bruxelles, la plupart des membres avaient présenté un coup d'œil sur l'état de la statistique dans leur pays : ces communications étaient certes d'un haut intérêt, puisqu'elles permettaient de reconnaître immédiatement et par une comparaison très-simple, ce qui manquait dans un pays, ou ce qui pouvait servir de règle de conduite. On jugea donc, et avec raison, qu'il convenait de prier les membres présents, qui n'avaient pu assister au premier congrès de Bruxelles, de vouloir bien exposer la marche qui était suivie dans leurs pays, pour achever de recueillir les documents statistiques de l'association entière. La demande de procéder à un pareil examen parut être de la plus grande utilité, puisqu'elle laissait entrevoir la possibilité de se mettre d'accord, avant tout, sur l'ensemble des faits les plus importants. D'après la demande de M. le président, ces pays étaient particulièrement la Suède, le Hanovre, la Toscane, les États-Unis, le Mecklembourg-Strélitz et les villes libres.

L'exposition de ces documents donna lieu aux observations les plus intéressantes; on concevra sans peine, en effet, l'intérêt qu'ils devaient présenter à l'auditoire, car chacun comprenait que le succès du congrès devait dépendre essentiellement de la conformité de vues de ses membres, dans des matières aussi délicates.

Disons ici, à cette occasion, que les délégués officiels des nations représentées au Congrès de Paris, étaient ([1]):

Angleterre	MM. Fonblanque, W. Farr et Valpy;
Autriche	M. le baron de Czœrnig;
Bavière	M. de Hermann;
Belgique	MM. Quetelet et Heuschling;
Danemark	M. David;
États sardes	M. Bertini;
Grèce	M. Spiliotakis;
Hanovre	M. Wappäus;
Mecklembourg-Schwérin . .	M. Otto Hubner;
Norwége	M. Schweigaard;
Parme (duché de)	M. Challiot;
Pays-Bas	M. de Baumhauer;
Portugal	M. d'Avila;
Prusse	M. Dietrici;
Saxe-Cobourg-Gotha . . .	M. Hopf;
Saxe-Royale	M. Ernest Engel;
Suède	M. Berg;
Toscane	M. Corridi;
Villes libres	M. Asher;
Wurtemberg	M. Sick.

Dans la deuxième séance, qui eut lieu le 12 septembre, M. le président, avant de passer à l'audition des rapports préparés dans les diverses sections, demanda que l'on entendît encore M. Fonblanque sur l'Angleterre, M. Kennedy sur les États-Unis, M. François Hardi

([1]) Nous tenons à signaler que M. Rouher, ministre de France et président de la commission organisatrice du congrès, proposa d'appeler au bureau, en qualité de vice-présidents honoraires, conformément aux précédents, MM. les représentants des gouvernements étrangers, comme on l'avait fait en Belgique.

sur la Haute-Italie, M. Corridi sur la Toscane et M. Spiliotakis sur la Grèce : c'était le moyen le plus sûr pour achever de connaître, autant que possible, la marche suivie pour arriver à posséder une collection complète des données statistiques recueillies dans les différents États.

Après avoir terminé ces détails sur la statistique des divers pays et sur la manière de les rattacher entre eux, l'assemblée passa à un autre ordre de recherches. M. le président céda la parole à M. de Franqueville, et lui permit, d'après sa demande, de séparer en deux parties la question de *la statistique des voies de communication.* L'auteur entra dans de grands détails à cet égard : comme il serait difficile, ici, de le suivre, malgré tout l'intérêt que ces observations peuvent présenter, nous engageons vivement à recourir au *Compte rendu*, qui fournira tous les renseignements désirables.

A propos de ces recherches, M. Hippolyte Gent exprima un vœu que tous les savants, surtout les savants qui se livrent à la pratique, seraient heureux de voir se réaliser complétement. « Il me semble, Messieurs, disait-il, qu'à la suite du rapport qui vient d'être lu, la section des travaux publics, à laquelle j'ai l'honneur d'appartenir, doit renouveler, ici, le vœu qu'elle avait émis lors du congrès de Bruxelles, de voir s'établir l'*homogénéité des poids, des mesures et des monnaies* entre les nations. Il est clair qu'en l'absence de cette homogénéité, il est impossible d'arriver à un travail de statistique vraiment utile, c'est-à-dire simple et compréhensible pour tout le monde. »

Après quelques observations présentées par plusieurs membres, M. le baron Ch. Dupin dit qu'il partageait l'opinion du préopinant, que l'unité des poids et mesures est un des progrès qui s'accompliront immanquablement; « je voudrais seulement, » ajouta-il, « que chacune des grandes réunions qui ont lieu en ce moment à Paris émît son vœu, à cet égard, dans la limite de ses attributions. Ainsi le grand jury de l'Exposition universelle exprimerait ce vœu dans l'intérêt général de l'industrie, et le Congrès de statistique dans l'intérêt de la statistique, la nation et les gouvernements devant retirer de grands avantages du perfectionnement de cette science. Dans le sein du Congrès siégent de nombreux membres appartenant à l'administration des divers pays : c'est la pensée de leurs gouvernements qu'ils apportent ici. Le Congrès est donc sûr de marcher, sous ce rapport, avec les gouvernements et avec l'opinion publique.

» Je crois d'ailleurs devoir rappeler que l'unité des poids et mesures n'est pas une unité française, mais une unité universelle, puisqu'elle a été adoptée par une réunion d'hommes éminents de tous les pays. »

M. le Président. — « C'est dans l'intérêt de la statistique internationale qu'on propose de voter l'uniformité des poids et mesures; c'est en considération des travaux auxquels nous nous livrons que la proposition de ce vœu a été faite; c'est à ce point de vue que je le mets aux voix : *Le Congrès, considérant combien l'adoption, par toutes les nations, d'un système uniforme de poids et mesures faciliterait l'étude comparative des statistiques de chaque pays, émet le vœu que l'attention des gouvernements soit appelée sur l'utilité de cette mesure.* »

M. Hippolyte Peut demande qu'on dise : Système uniforme de poids, de mesures et de *monnaies*.

La proposition, ainsi formulée et modifiée, est mise aux voix et adoptée par l'assemblée.

Le commencement de la troisième séance du congrès fut consacrée à l'examen de plusieurs détails intéressants. On donna d'abord lecture d'une note de M. de Viebahn sur la statistique du Zollverein; puis d'un rapport de M. Fleury sur la statistique du commerce extérieur. M. Gabriel présenta, de son côté, quelques réflexions sur la statistique officielle dans l'État de Costa-Rica. Le reste de la séance fut consacré ensuite à l'indication de recherches intéressantes qui devraient être faites dans l'intérêt des travaux statistiques, surtout dans la vue de donner une assiette ferme à ces sortes de documents.

Les quatrième et cinquième séances, sans toucher aux bases de la science statistique même, donnèrent cependant lieu à un grand nombre de documents intéressants pour ce genre de travaux. Il y fut traité tour à tour de la statistique des accidents sur les voies de communication, sur les chantiers, ainsi que sur les grands travaux exécutés dans les mines. L'attention fut ensuite attirée par un rapport de M. le docteur Tholosa sur la statistique des épidémies; et par un rapport de M. le baron de Czœrnig sur une proposition tendante à la formation, dans chaque État, d'une commission de statistique. D'une autre part, M. le docteur Boudin donna lecture d'un rapport intéressant sur la statistique de l'idiotie et du crétinisme; ce sujet d'un vif intérêt pour l'humanité entière, appartient à la fois à plusieurs sciences.

Un rapport de M. le docteur Marcq d'Espine, sur la statistique des causes de décès, fut également écouté avec une attention bien méritée, et donna lieu à une discussion à laquelle prirent part un grand nombre de médecins distingués qui assistaient à la séance. Après lui, M. Maurice Block, au nom de la section de l'agriculture, donna lecture d'un rapport plein d'intérêt sur la statistique agricole. Ce travail remarquable excita vivement l'intérêt et provoqua une discussion entre plusieurs membres.

La *troisième* partie du Compte-rendu du congrès de Paris renferme quelques annexes: on y trouve aussi des documents relatifs aux poids et mesures dans le grand duché de Toscane et enfin l'indication d'un vaste catalogue d'ouvrages divers, présentés au congrès de Paris par la plupart de ses membres.

On conçoit facilement qu'il nous serait impossible de rendre compte de toutes les communications qui furent faites. Notre but dans cet écrit, comme nous l'avons dit d'ailleurs, n'est que d'indiquer rapidement la marche qui a été suivie et les succès qu'il nous a été possible d'obtenir dès à présent, pour répandre le goût et les travaux de la statistique et pour procéder d'une manière uniforme et générale à nos essais.

La partie sur laquelle nous désirons plus particulièrement appeler l'attention est la concordance qu'il s'est établie, dès la seconde réunion, entre les membres du congrès réuni à Bruxelles et les membres du congrès réuni à Paris; il a été facile de reconnaître, dès ces deux premières rencontres, l'unité qui existait de l'une et de l'autre part.

Les lois de la nature peuvent être gênées, forcées même, mais elles ne s'effacent pas: quand on procède avec la fermeté et la certitude nécessaires, elles se relèvent toujours sous leurs formes premières.

CONGRÈS INTERNATIONAL DE STATISTIQUE

DE VIENNE (1857).

Pour le troisième congrès de statistique internationale, la capitale de l'Autriche succéda à la capitale de la France. L'auguste souverain de cet Empire reçut les envoyés des différentes puissances de l'Europe avec la plus grande courtoisie. Sa Majesté témoigna le désir d'aider, comme l'avaient fait la France et la Belgique, les divers gouvernements à mettre dans leurs travaux un ordre tout à fait spécial, ordre qui avait été, pour ainsi dire, abandonné par les peuples même les plus civilisés.

En exécution d'un décret impérial, le ministre du commerce, M. le chevalier de Toggenburg, chargé de prendre, d'accord avec les ministères intéressés, les mesures qui s'y rapportaient, institua une *Commission organisatrice.* On distinguait particulièrement, parmi ses membres, Son Excellence M. le Dr baron de Baumgartner, conseiller intime et président de l'Académie impériale des sciences; M. le Dr baron Ch. de Czœrnig, chef de section au ministère du commerce et directeur de la statistique administrative; M. le Dr Adolphe Ficker, secrétaire ministériel, attaché à la direction de la statistique administrative, etc.

M. le baron de Czœrnig, qui avait été le président suppléant de la Commission organisatrice du congrès et qui, en cette qualité, avait fait le rapport sur le projet de programme de cette assemblée (1), fit l'ouverture de la première séance dans les termes le plus conve-

(1) Voici comment il s'était exprimé, au sujet des trois premiers congrès internationaux, à la page 14 de son *Rapport sur le projet de programme pour la troisième session du congrès international :* « Dès la première réunion, tenue à Bruxelles, le congrès marqua une trace profonde; lors de la deuxième session à Paris, les travaux se distinguèrent par leur cachet scientifique et par la richesse des observations ou des expériences, communiquées par les hommes éminents qui y assistaient. J'espère que la session de Vienne ne sera pas moins utile au progrès de la science que les deux réunions précédentes. La pensée fondamentale du congrès international : *de rendre uniformes les cadres, d'après lesquels est dressée la statistique*

nables. Il s'attacha à montrer combien son pays avait fait d'efforts en faveur des sciences et des lettres, et combien il aspirait à pouvoir montrer qu'il n'avait point dégénéré. « Les événements des dix dernières années, dit-il, ont produit dans la plupart des États, non-seulement une cohésion plus prononcée des parties, mais encore une grande concentration du pouvoir, une organisation plus parfaite de l'administration, changements féconds en progrès de toute nature. Actuellement la statistique ne se borne plus à présenter des chiffres exacts sur une question donnée; elle s'impose encore la tâche de faire connaître le rapport de causalité qui existe entre les phénomènes les plus remarquables de la vie publique et sociale. Les gouvernements, de leur côté, manifestent de plus en plus la conviction profonde qu'au point où la civilisation est arrivée, l'administration ne saurait plus se passer des secours de la statistique et qu'il ne s'agit plus que de trouver la forme dans laquelle cette dernière pourra exercer son influence de la manière la plus efficace.

» Le premier pas vers la découverte de cette forme a été fait par la réunion périodique du Congrès international de statistique. Dans cette assemblée de statisticiens officiels ou non, se rencontrant avec les administrateurs, et échangeant leurs idées et leurs desiderata, les opinions tranchées s'adoucissent; des expériences approfondies y sont communiquées de part et d'autre; enfin il s'y établit des relations cimentées par l'estime entre les membres accourus du nord et du sud, de l'est et de l'ouest. Ce premier pas fut bientôt suivi d'un second non moins important. Le point qu'on discuta avant tout autre dans la session de Bruxelles, concerna l'organisation de la statistique. On insista sur l'utilité de créer dans chaque État une institution propre à mettre la statistique de l'administration dans des rapports directs et intimes. Cette question a été reprise ensuite à Paris, où, vers la fin de la session, elle a donné lieu à l'expression d'un vœu formel, dans lequel on invite les gouvernements à instituer des commissions centrales de statistique, comprenant des représentants de ce service spécial et de toutes les branches de l'administration. Par cette combinaison on rendrait, d'un côté, la statistique tributaire des besoins de l'administration, et de l'autre, on lui assurerait la coopération active de cette dernière pour tout ce qui est nécessaire à son développement et à ses progrès dans cette voie.

» Il est réservé à la troisième session de faire connaître combien les gouvernements ont apprécié la portée de ce vœu et l'ont réalisé dans leurs États par la création de commissions de statistique. Le concours des fonctionnaires supérieurs de l'administration permettra à la statistique d'exercer son influence bienfaisante sur la vie pratique, tandis que la statistique

dans les différents États, afin de pouvoir en comparer les résultats, aura des conséquences d'une portée incalculable pour le développement de la science et le perfectionnement de l'instruction. C'est avec raison que M. Quetelet a fait observer dans son discours d'ouverture, que, sans la possibilité de comparer, il ne saurait y avoir de progrès dans les sciences d'observation, et que ce n'est qu'en introduisant de l'unité dans les statistiques officielles de tous les pays que cette science pourra entrer dans la même phase que plusieurs de ses sœurs aînées. »

mettra chaque service administratif en état d'embrasser, au moment de prendre une mesure d'intérêt général, l'ensemble de la situation et d'obtenir ainsi cette sûreté dans les décisions que, jusqu'à ce jour, on ne trouvait qu'après de longs tâtonnements, ou même jamais. »

Ce qui précède montre suffisamment, je pense, que désormais il devient inutile de chercher à prouver à des hommes éclairés l'utilité, la nécessité même de la statistique, qui *ne se borne plus à présenter des chiffres exacts sur une question donnée, mais qui s'impose encore la tâche de faire connaître le rapport de causalité qui existe entre les phénomènes les plus remarquables de la vie publique et sociale.*

Nous nous arrêterons peu à examiner le *projet de règlement pour cette* TROISIÈME SESSION. Les résultats y sont présentés sous forme spéculative, et dans un ordre plus convenable à l'arrangement scientifique qu'à la discussion des faits mêmes (pp. 37 à 200).

Au commencement de la première séance du congrès, M. le chevalier de Toggenburg, ministre du commerce, souhaita, au nom du gouvernement impérial, la bienvenue à MM. les membres du congrès. « La pensée fondamentale d'une telle institution a, dès l'origine, trouvé en Autriche l'accueil le plus empressé, dit-il; j'espère que dans le cours de vos délibérations vous aurez lieu de reconnaître combien la statistique officielle de notre pays a tenu compte dans ses travaux des avis émis par les précédents congrès. Le but de ces réunions périodiques, vous le savez, Messieurs, est d'adopter des bases uniformes pour les travaux de la statistique, afin de rendre comparables les résultats obtenus dans les différents pays, puisque, comme l'a si bien dit le principal promoteur de cette institution, l'honorable président du congrès de Bruxelles, « sans possibilité de comparer, il ne saurait y avoir de progrès dans les sciences d'observation. » Au point, où, de nos jours, la statistique est arrivée dans presque tous les États de l'Europe, c'était là un des pas les plus importants qu'elle eût à faire pour son perfectionnement... » Le discours de cet éminent homme d'État fut suivi des applaudissements de toute l'assemblée.

Maintenant, dit M. le président, je vais vous consulter sur la composition du bureau définitif du congrès.

« Pour régulariser les travaux qui vont suivre, dit M. Engel, je demande que les membres du bureau provisoire forment le bureau définitif. » Cette proposition est favorablement accueillie, de même que la proposition de M. le président d'appeler au bureau, comme vice-présidents d'honneur, MM. les délégués des gouvernements étrangers dont les noms suivent :

France	M. Legoyt;
Grande-Bretagne	M. Farr;
Russie	M. Wernadski;
Espagne	M. le comte Ripalda;
Belgique	MM. Quetelet, Visschers, Heuschling;

Pays-Bas	MM. de Baumhauer, Ackersdyck, Vissering;
Danemark.	M. David;
Suède	M. Berg;
Norwége	M. Aschehoug;
Turquie	M. Davoud Effendi;
Toscane	M. le chevalier Zuccagni-Orlandini;
Suisse	M. Meyer de Knonau;
Bavière.	M. de Hermann;
Wurtemberg	M. de Sick;
Bade	M. Dietz;
Saxe (*le royaume de*)	M. Engel;
Saxe-Weimar-Eisenach . . .	M. Rathgen;
Duchés saxons	M. Hopf;
Anhalt-Bernbourg	M. Hageman;
Hanovre	MM. Wappäus et Semelow;
Mecklembourg-Schwérin . . .	MM. Faull et Dippe;
Hambourg et Lubeck	M. Asher;
Brême	M. Gildemeester.

Dans les deux congrès précédents de Bruxelles et de Paris, les représentants de chaque nation avaient eu la complaisance de tracer rapidement la marche qu'avait prise la statistique dans leur pays, afin de pouvoir juger avec plus de facilité la voie générale qu'il importait de suivre pour mettre de l'unité et de l'ordre dans les travaux de l'assemblée. Plusieurs des membres ne sentaient pas bien l'utilité de ce genre de travail; ils semblaient préférer avancer sans ordre et sans parti pris de ce côté. Plusieurs réclamations s'étaient élevées à cet égard : mais MM. Wolowski, Visschers, etc., s'attachèrent à montrer le contraire et finirent par faire prévaloir cette manière d'envisager le but d'utilité de l'association, qui seule pouvait conduire à un système unique.

Par suite on entendit successivement MM. Davoud Effendi (Turquie), Ripalda (Espagne), le baron de Reden (Brunswick), Wernadski (Russie), Hopf (duchés de Saxe), etc., qui donnèrent tour à tour des renseignements très-intéressants sur les pays qu'ils représentaient.

L'assemblée, dans sa *deuxième* séance, continua à recevoir communication des documents sur la statistique des divers pays qui n'avaient pas encore donné de renseignements, ou n'avaient pu les compléter suffisamment. Ainsi M. Rathgen parla sur la statistique officielle de Saxe-Weimar, M. Meyer de Knonau sur la Suisse, M. Faull sur le Grand-Duché de Mecklembourg, le Dr de Baumhauer sur les Pays-Bas, le professeur Wappäus sur le Hanovre, le Dr de Sick sur le Wurtemberg et M. X. Heuschling sur la Belgique.

M. le Dr Farr donna ensuite des détails très-circonstanciés sur les travaux et les résultats de la statistique officielle de l'Angleterre, suivis de la lecture du rapport du deuxième délégué de la Grande-Bretagne, M. Fonblanque.

Cette énumération des travaux exécutés dans les différents États pouvait parfois avoir des côtés plus ou moins désagréables, qui devaient dépendre, en grande partie, soit de pays qui n'avaient point à présenter de résultats bien saillants, ou de lecteurs dont le talent pouvait être plus ou moins valable, ou bien des longueurs même dans l'exposition des documents. Il était impossible, cependant, de ne pas écouter avec intérêt des renseignements qui pouvaient être utiles à consulter.

Une grande partie de la *troisième* séance fut employée à des discussions sur la forme et l'utilité de réunions semblables à celles du congrès international de statistique. Peut-être serait-il sage de perdre de vue ces sortes de discussions, qui présentent à la fois plusieurs genres d'inconvénients. Quelques savants confrères, entre autres, MM. Legoyt, Berg et David, parvinrent heureusement à ramener les débats sur leur véritable terrain.

Vers la fin de la séance, une nouvelle discussion s'engagea, mais cette fois sur la question de savoir s'il fallait ou non déterminer l'âge qui réglerait l'entrée des jeunes travailleurs dans les fabriques : les opinions étaient partagées à cet égard, quoique celle de MM. Engel et Visschers l'emportât plus particulièrement ; la section, n'ayant pas finalement trouvé le moyen de trancher le nœud gordien, proposa, comme expédient, de laisser à chaque section le soin de fixer l'âge le mieux en rapport avec sa législation. Quelques autres questions de même nature furent examinées en même temps et résolues par la réunion.

Au commencement de la *quatrième* séance, l'assemblée fut saisie par son président de l'examen de la proposition suivante, demandant « que l'honorable assemblée voulût bien décider qu'il y avait lieu de faire des efforts pour former dans la capitale des pays où existe un bureau de statistique, des comités destinés à faciliter les rapports à établir entre les médecins, soit du même pays, soit des États voisins, à recueillir les travaux que ces médecins peuvent envoyer, et à les coordonner pour les soumettre au congrès prochain. » Le congrès, consulté, fut d'avis de renvoyer cette question à la première section.

MM. de Hermann, le chevalier Zuccagni-Orlandini et l'honorable président de l'assemblée donnèrent ensuite communication de rapports du plus haut intérêt sur la statistique en Bavière, en Toscane et en Autriche. De vifs applaudissements répondirent aux intéressants détails qu'ils renfermaient.

M. Engel, également, lut un rapport de MM. le chevalier de Lasser et de Wurzbach, proposant « que la troisième réunion du congrès international de statistique voulût bien veiller à ce que la statistique littéraire trouvât une place convenable dans le programme de la quatrième session, et qu'elle ne manquât pas, en cette occasion, d'appeler l'attention de la commission organisatrice du quatrième congrès sur les états bibliographico-statistiques de l'Autriche comme étant le recueil le plus complet publié jusqu'à ce jour sur cette matière. »

Cette proposition fut adoptée.

L'assemblée s'occupa ensuite de différentes questions qui tenaient à son organisation et à sa manière d'être. Cette discussion intéressante conduisit cependant l'assemblée à diminuer de beaucoup le temps qui devait être consacré à ses travaux essentiels.

Vers la fin de la séance cependant, les travaux reprirent un nouveau degré d'intérêt. On s'occupa surtout de la statistique pratique, et particulièrement des recherches qui se rapportent à l'homme. Les communications de MM. Farr, Legoyt, Engel, de Staubenrauch, Helm, Varrentrapp, Asher, David, etc., fixèrent vivement l'attention.

Lors de la *cinquième* séance, le président fit savoir que le conseil municipal de Presbourg avait appris avec une grande satisfaction la nouvelle que le congrès se proposait de visiter cette ville. L'excursion eut lieu en effet, et fut faite sur le Danube, par un temps superbe; elle causa la plus agréable diversion au milieu de toutes les occupations scientifiques.

Au retour, l'assemblée s'occupa des rapports de plusieurs sections du congrès. M. Heuschling, au nom de la troisième section, chargée de la statistique financière, rendit compte des différents points qui y avaient été examinés. M. Herz donna un exposé des dépenses inscrites par ordre et des frais d'exploitation des régies financières.

Les différentes sections de l'assemblée continuèrent de la même manière à présenter successivement l'annonce des travaux qui les avaient occupées pendant leurs séances.

Nous ne pouvons aborder ici toutes les questions qui furent débattues dans ces réunions spéciales; nous ferons toutefois exception pour une seule d'entre elles, qui semble appartenir exclusivement aux sciences naturelles, mais qu'il convenait néanmoins de signaler aux hommes qui ont pour but de s'entendre et d'étudier les points scientifiques qui les intéressent également tous. Il peut être utile, en effet, aux statisticiens dont les vues sont tournées vers les grands phénomènes périodiques de la nature, de connaître l'influence qu'exercent les différentes saisons de l'année sur la feuillaison, la floraison et la fructification des plantes.

Cette étude difficile, mise en avant par le célèbre Linné, n'avait d'abord pris aucun développement, peut être parce qu'on n'avait pas de moyens suffisants pour l'observation. Elle fut reprise ensuite, et notre Académie fut l'une des premières à s'en occuper. L'Allemagne, toutefois, lui donna un développement plus actif : déjà l'on avait senti, chez nos voisins, la nécessité de mettre en contact les savants qui s'étaient occupés avec le plus de soin des phénomènes périodiques des plantes et des animaux : on y avait aussi compris l'utilité d'adopter un programme uniforme, comme la Belgique en avait un pour les pays limitrophes.

C'est à la sixième section du congrès de Vienne qu'échut la mission de s'occuper de cette question si importante. Les rapporteurs de cette section, MM. le conseiller Foetterle et le docteur Ami Boué, proposèrent diverses mesures excellentes qui furent toutes adoptées; et entre autres, celle de faire un plan général pour rapprocher les données des différentes nations et permettre d'en tirer des résultats utiles. Il devenait possible, de cette manière, de comparer avec certitude ce qui aurait été observé sur les différents points du globe, et d'obtenir des conclusions exactes pour la science. Les avantages de ces recherches, faites avec prudence, ont été si bien appréciés par la suite, qu'on a vu les gouvernements chercher à développer des études qui devaient nécessairement conduire à une science nouvelle et qui ont donné des résultats du plus grand intérêt et dignes de fixer l'attention des penseurs.

Au moment de terminer la dernière séance du troisième congrès international, M. Quetelet se leva et prononça les paroles suivantes : « Messieurs, dit-il, au nom de l'assemblée, j'ai l'honneur de vous proposer des remercîments à Sa Majesté l'Empereur *(acclamations)*, à son gouvernement *(très-bien! très-bien!)* et en particulier à Son Excellence M. le ministre du commerce, ainsi qu'aux autres ministres qui ont bien voulu honorer de leur présence la première séance du congrès, et donner ainsi un encouragement à ses travaux (*vive adhésion*); à l'excellent M. le baron de Czœrnig, qui a présidé la présente session avec tant de distinction, d'impartialité et de talent (*applaudissements*); enfin, au bureau du congrès et au comité d'organisation (marque prolongée d'approbation : *bravo! bravo!*). »

M. le président. — « Je me permettrai de répondre par quelques mots seulement à l'expression de bienveillance de l'assemblée. Je m'empresserai de porter à la connaissance de S. M. l'Empereur les sentiments que M. Quetelet a si bien exprimés au nom de l'assemblée. »

« Nous avons été reçus à Vienne, dit alors M. Visschers, avec une magnificence dont ce palais et cette salle sont les témoins; nous avons reçu des habitants, du bureau de la partie allemande de cette assemblée, une réception dont nous sommes fiers, et dont nos cœurs conserveront le souvenir. Les autorités ont droit à une large part dans ce tribut de remercîments; les autorités ont ouvert à nos yeux ces riches, ces magnifiques collections établies à Vienne pour les sciences, les lettres et les beaux-arts, mais ce qui doit nous toucher plus particulièrement, nous étrangers, nous qui n'appartenons pas aux pays allemands, — permettez-moi de le dire après avoir parlé de ces grandes choses —, vous avez été tous témoins de l'exquise politesse avec laquelle le président et les secrétaires se sont empressés de traduire en français toutes les communications, de faire tous des rapports dans les deux langues. »

« Messieurs, je vous propose un hurrah, dit à son tour M. Engel : Vive l'Empereur d'Autriche! Que le plus beau et le plus heureux succès couronne les réformes dans son vaste Empire! »

CONGRÈS INTERNATIONAL DE STATISTIQUE

DE LONDRES (1860).

Le 16 juillet 1860, vers quatre heures, s'ouvrit, dans la grande salle de Somerset House, à Londres, la quatrième session du congrès international de statistique. S. A. R. le prince Albert avait bien voulu accepter la présidence d'honneur de la réunion, qui se distinguait par la présence des hommes les plus illustres de l'Angleterre et par celle des délégués étrangers envoyés par les différents pays du monde civilisé.

On remarquait dans l'assemblée M. Milner Gibson, président du Bureau du commerce: le vice-président, l'honorable M. W. Cowper, membre du Parlement; lord Brougham, le comte de Shaftesbury, le comte Stanhope, lord John Russell, le vicomte Palmerston, lord Monteagle, lord Harry Vane, lord Ebrington, etc., et parmi les savants se trouvaient, entre autres, sir Roderick Murchison, sir David Brewster, Nassau Senior, Babbage, Bowring, Wheatstone, le général Sabine, etc.

Les délégués officiels envoyés par les différents États étaient [1] :

Autriche.	S. E. M. le baron de Czœrnig.
Bavière	M. le Dr de Hermann.
Belgique.	MM. A. Quetelet, A. Visschers et X. Heuschling.
Brésil	S. E. M. de Carvalho Morera.
Danemark	M. C.-N. David.
France	M. A. Legoyt.
Villes libres	M. le Dr Asher.
Hanovre.	M. le prof. Wappœus.
Hollande	MM. de Baumhauer et Ackersdyck.

[1] Nous devons nécessairement omettre les États britanniques, représentés si dignement par MM. William Farr, Fonblanque, Samuel Brown, Valpy, etc.

Mecklembourg-Schwérin . . .	M. le baron Maltzahn.
Norwége.	M. le prof. L.-K. Daa.
Portugal	S. E. M. d'Avila.
Prusse	MM. le Dr Engel et le Dr Schubert.
Russie	MM. T.-B. Wernadski et de Buschen.
Saxe-Cobourg et Saxe-Meiningen.	M. G. Hopf.
Espagne.	M. le comte de Ripalda.
Suède.	M. le Dr F.-Th. Berg.
Suisse	MM. Vogt et Kolb.
Turquie.	M. Agassi Effendi.
États-Unis	MM. Longstreet et Lawrence.

Les différentes colonies de l'Angleterre, telles que l'Australie, la Guyane anglaise, le Canada, la colonie du Cap, l'île de Ceylan, la Jamaïque, etc., étaient également représentées par des députés.

S. A. R. le prince Albert fut introduit au milieu des applaudissements généraux, et quand il eut pris place au fauteuil, il prononça le discours suivant ([1]), qui excita à plusieurs reprises les acclamations de l'assemblée; il montra dignement qu'il avait apprécié, en homme d'État éclairé, l'accord qui existe entre la science et l'art gouvernemental, et le concours que prête spécialement à l'administrateur la connaissance intime de tous les faits qui intéressent un gouvernement.

« Messieurs,

Le congrès de statistique de toutes les nations a été invité par le gouvernement à tenir sa quatrième réunion dans cette métropole, conformément au désir exprimé par le congrès tenu à Vienne en 1857. Quoique, dans ces circonstances, il eût plutôt appartenu à un membre du gouvernement et à un ministre de la Couronne d'occuper le fauteuil présidentiel et de procéder à l'ouverture de vos travaux, comme cela s'est pratiqué ailleurs dans

([1]) Quoique ce discours présente assez de développements, nous avons cru devoir le mettre ici en entier, non-seulement parce qu'il est remarquable par lui-même, mais aussi pour montrer l'intérêt que prenait au congrès international un des princes les plus éclairés dont l'Angleterre s'honore, à juste titre. A St-Pétersbourg, également, le grand-duc Constantin, frère de l'Empereur, daigna prendre la parole à l'ouverture de la 8e session du congrès. Son discours, que l'on trouvera au Compte-rendu de cette réunion, exprime les idées les plus nobles et les plus élevées, et montre la sollicitude la plus éclairée pour les travaux de la statistique; nous rappellerons aussi les remarquables paroles avec lesquelles S. M. le Roi de Prusse voulut bien nous accueillir à Berlin.

les réunions précédentes, la nature des institutions nationales et les habitudes du pays où la session actuelle devait avoir lieu ne pouvaient manquer de se faire sentir et d'exercer une influence sur son organisation. Nous sommes un peuple en possession et en jouissance de la vie politique la plus intense, et toutes les questions de quelque intérêt ou de quelque importance pour la nation sont ici publiquement examinées et discutées. La nation entière, du plus grand au plus petit, prend donc une part active à ces débats, et parvient à asseoir le jugement qu'elle en porte sur le résultat collectif des pensées et des opinions qui s'y produisent au grand jour. Le congrès ne pouvait, en conséquence, qu'être ou une réunion particulière des délégués des divers gouvernements, discutant des questions spéciales d'intérêt au milieu du mouvement politique, ou bien il devait prendre un caractère public et national, en s'adressant au public en masse et en demandant sa coopération. Le gouvernement a choisi cette dernière alternative, et, de tous côtés, on lui a répondu avec le plus grand empressement. Il a, je pense, opté sagement, car il est de la dernière importance pour le but auquel vise le congrès, — à savoir, non-seulement la diffusion des connaissances statistiques, mais encore l'admission générale de l'utilité et de l'importance de cette branche de la science humaine, — il est, dis-je, de la dernière importance que la généralité du public prenne en main les questions que l'on se propose d'examiner et leur prête sa puissante assistance.

» Ceci, Messieurs, doit me servir d'excuse et explique comment j'ai osé accepter les fonctions de la présidence, fonctions pour lesquelles je sens d'ailleurs toute mon insuffisance. Aussi, lorsque les commissaires chargés de l'organisation du congrès m'ont exprimé leur désir de me voir présider, j'ai compris qu'il était de mon devoir de ne point refuser ma coopération individuelle — qui portait en quelque sorte l'assurance au peuple anglais de la sympathie de leur reine pour le but de cette réunion, témoignait aux délégués étrangers de l'estime qu'elle a pour eux personnellement, et de son appréciation sur la science dont ils sont les desservants. Permettez-moi donc de leur dire qu'ils sont les bienvenus dans ce pays, et de le leur dire au nom du pays même. — C'est ici qu'a pris naissance l'idée du congrès international de statistique, à une époque où les délégués et les visiteurs de toutes les nations s'étaient réunis pour exposer, avec une noble rivalité, les produits de leur science, de leur habileté et de leur industrie, dans la grande Exposition de 1851 ; c'est ici que la science de la statistique a pris ses premiers développements, et le Dr Farr a justement rappelé à notre souvenir que l'Angleterre a été nommée par une autorité imposante, par Bernoulli, « le berceau de l'arithmétique politique, » et que nous pouvons même en appeler à notre *Domesday Book*, comme à un des monuments de la science le plus ancien et le plus complet. C'est également ce pays qui retirera et qui doit retirer les plus grands bénéfices de l'étude de cette science, et qui, par conséquent, a le plus de raisons pour vous être reconnaissant, Messieurs, du résultat de vos travaux.

» Cependant, si vieille que soit votre science, et si incontestables que soient les bienfaits qu'elle a déversés sur le genre humain, elle n'est encore que peu comprise de la multitude; elle est encore nouvelle dans la position qu'elle occupe parmi les autres sciences, et est restée en butte à beaucoup de préjugés vulgaires. Elle est peu comprise, parce qu'elle est sèche et repoussante pour le public en général, avec ses simples expressions arithmétiques, qui représentent des faits vivants (faits de nature à exciter les plus vives sympathies), mais qui apparaissent ici dans des chiffres arides et des tables de comparaison. Il faut beaucoup de travail pour pénétrer à travers ces interminables colonnes de chiffres, beaucoup de patience pour s'en rendre maître, beaucoup d'habileté pour tirer des conclusions formelles et sûres de la masse de matériaux qui se présente à l'homme d'étude; tandis que la valeur des informations offertes dépend précisément de leur volume et augmente en proportion de leur quantité et de leur étendue. Elle est peu comprise aussi, par l'usage particulier et souvent injustifiable qu'on en fait; car le fait même de ses difficultés et de la patience nécessaire pour lire et vérifier les chiffres statistiques dont un auteur peut se servir pour défendre ses théories, protége ce dernier, jusqu'à un certain point, contre toute investigation, et le pousse à profiter largement d'un capital si commode et si disponible. Le public en général associe donc, dans son esprit, la statistique, sinon avec les impôts bien reçus (dont elle forme naturellement la base importante), du moins avec les controverses politiques dans lesquelles il a l'habitude de voir les hommes publics faire usage, avec une égale assurance, des résultats statistiques les plus contraires pour appuyer les arguments les plus opposés. On prétend même qu'un grand ministre français, homme d'État distingué, s'est vanté d'avoir inventé ce qu'il appelait, dit-on, « l'art de grouper les chiffres; » mais si l'adresse et l'enthousiasme qui ont pu lui suggérer cet art l'avaient porté, lui ou d'autres, comme historiens, à grouper aussi des faits, il ne serait pas plus juste de rendre les faits historiques responsables de l'usage qu'on en aurait fait, qu'il ne le serait de rendre la science statistique responsable de tant d'ingénieux exposés financiers. Et, cependant, cette science a considérablement souffert, dans l'estime publique, par de pareils abus, quoique l'empressement même des hommes d'État, des financiers, des médecins et des naturalistes à chercher un appui à leurs assertions et à leurs doctrines dans la statistique prouve qu'ils la reconnaissent comme le fondement de la vérité, et ce fait, loin de rabaisser cette science, devrait la relever dans l'estime générale.

» La science statistique est, comme je l'ai dit, comparativement nouvelle dans sa position parmi les sciences en général, et nous devons trouver la cause de cette tardive reconnaissance dans ce fait, qu'elle a l'apparence d'une science incomplète et qu'elle semble être plutôt destinée à assister les autres sciences qu'à revendiquer comme un droit ce titre pour elle-même. Mais ce n'est là qu'une apparence, car si la statistique pure et proprement dite s'abstient de viser au but le plus élevé de toute science, — à savoir, la découverte et l'exposition des lois qui gouvernent l'univers, — et si elle laisse ces devoirs à ses sœurs mieux favorisées, les sciences naturelles et les sciences physiques, elle le fait avec une abnégation sentie et volontaire, afin de protéger la pureté et la simplicité de sa tâche sacrée, qui consiste dans l'accumulation et la vérification des faits, sans se laisser influencer par la considération de l'usage qu'on en peut faire. — Ces lois générales, dont la connaissance est, à nos yeux, un des plus grands trésors de l'homme sur la terre, restent donc sans être exprimées, tout en ayant reçu une lucidité qui se réfléchit dans les chiffres froids et inflexibles. Il est difficile de voir comment, dans de pareilles circonstances, et malgré l'abnégation qu'elle s'est volontairement imposée, la science statistique serait, comme telle, en butte aux préjugés, aux reproches, aux attaques; et, cependant, le fait ne saurait être nié. Nous entendons dire que son étude conduit nécessairement au panthéisme et à la destruction de la vraie religion, comme privant le Tout-Puissant, dans la pensée de l'homme, de son pouvoir de libre détermination, et faisant de son univers une simple machine, fonctionnant d'après un plan général arrangé à l'avance et dont les parties sont susceptibles d'être mesurées mathématiquement, comme le plan lui-même par une expression numérique; qu'elle conduit au fatalisme et prive l'homme de sa dignité, de sa vertu, de sa moralité, puisqu'elle prouve qu'il n'est qu'un simple rouage de la machine, incapable d'avoir un libre choix d'action, mais prédestiné à remplir une tâche fixée et à fournir une course prescrite, soit dans le bien, soit dans le mal. Ce sont là de graves accusations, et elles seraient assurément terribles si elles étaient vraies. Mais le sont-elles? La puissance de Dieu est-elle détruite ou diminuée par la découverte de ce fait : que la terre a besoin de faire trois cent soixante-cinq révolutions autour du soleil, en donnant tout autant de jours à notre année; que la lune change treize fois pendant cette période; que la marée change toutes les six heures; que l'eau bout à une température de deux cent douze degrés Fahrenheit; que le rossignol ne chante qu'en avril et en mai; que tous les oiseaux pondent des œufs, et qu'il naît cent six garçons contre cent filles? Ou bien, l'homme est-il moins libre dans ses actions parce qu'il a été reconnu qu'une génération ne dure que trente ans; parce qu'on met, chaque année, à la poste le même nombre de lettres sur lesquelles on a oublié d'écrire l'adresse; parce que le nombre de crimes commis dans les mêmes conditions locales, nationales et sociales est constant, et parce que l'homme fait cesse de trouver de l'amusement dans les jeux de l'enfance? Mais notre science statistique ne dit même pas qu'il doive en être ainsi; elle constate seulement qu'il en a été ainsi, et laisse au naturaliste ou à l'économiste politique à en tirer cette conclusion : qu'il est probable, d'après le nombre de fois qu'il en a été de même, qu'il en sera de même encore, aussi longtemps que les mêmes causes seront en activité. Elle a donné par suite naissance à cette partie de la science mathématique appelée le calcul des probabilités, et a de plus établi cette théorie que, dans le monde physique, il n'existe pas de certitudes, mais seulement des probabilités. Bien que cette doctrine qui détruit chez l'homme, jusqu'à un certain point, le sentiment de la sécurité, ait surpris et troublé quelques individus, il n'en est pas moins vrai que, tandis que nous comptons avec une sécurité irréfléchie, que le soleil se lèvera demain, ce n'est là qu'un événement probable et dont la probabilité est susceptible d'être exprimée par une fraction mathématique déterminée. Nos bureaux d'assurance ont, à l'aide de leur vaste collection de faits statistiques, établi avec une telle précision la durée probable de la vie de l'homme, qu'ils sont à même de faire avec chaque individu un marché précis sur la valeur de son existence; et, cependant, cela n'implique pas la prétention impie de déterminer quand cet individu doit réellement mourir.

» Mais on nous fait une autre objection tout a fait opposée, et l'on déclare l'inutilité de la statistique, par la raison qu'on ne peut pas s'en rapporter à elle pour la détermination d'un cas donné et qu'elle n'établit que des probabilités là ou l'homme veut et demande des certitudes. Cette objection est fondée; cependant, elle n'affecte point la science elle-même, mais seulement l'usage que l'homme a voulu en faire vainement et pour lequel elle n'était pas destinée. C'est l'essence même de la science statistique de ne faire que des lois générales apparentes, de sorte que ces lois sont inapplicables à un cas spécial, et que, par conséquent, ce qui est prouvé être loi en général est incertitude en particulier. Là réside également la réfutation réelle de la première objection; et c'est ainsi que se manifestent la puissance, la sagesse, la bonté du Créateur, montrant comment le Tout-Puissant a établi le monde physique et moral sur des lois invariables, conformes à sa nature éternelle, tandis qu'il a laissé à l'homme individuel l'usage le plus libre et le plus entier de ses facultés, mais en maintenant la majesté de ses lois, qui ne sont nullement affectées par l'action des déterminations individuelles.

» Messieurs, je suis presque honteux d'énoncer des vérités aussi banales (dont je ne suis d'ailleurs qu'un très-imparfait interprète) devant une réunion composée d'hommes si éminents dans la science et, particulièrement, en présence d'un homme qui a été votre premier président, M. Quetelet, et de qui j'ai eu le privilége, il y a vingt-quatre ans, de recevoir mes premières leçons dans les branches supérieures des mathématiques — d'un homme qui a si heureusement dirigé sa haute capacité vers l'application de la science à ces phénomènes sociaux dont on ne peut découvrir les lois que par l'accumulation et la réduction des faits statistiques. C'est la condition sociale du genre humain, telle qu'elle est démontrée par ces faits, qui forme le principal objet de l'étude et des investigations entreprises par ce congrès, et celui-ci espère que le résultat de ses travaux fournira à l'homme d'État et au législateur un guide sûr dans leurs efforts pour amener le développement et le bonheur social. On ne peut donc pas exagérer sous ce rapport l'importance des congrès internationaux. Non-seulement ils éveillent l'attention publique sur la valeur de ces recherches; non-seulement ils réunissent ensemble des hommes de tous pays qui y dévouent leur existence et qui peuvent ainsi échanger leurs pensées et leur expérience; mais encore ils préparent la voie à une entente entre les différents gouvernements et entre les nations, à l'effet de poursuivre les recherches communes, dans un commun esprit, avec une méthode commune et dans un but commun. C'est seulement dans la plus grande somme d'observations que la loi devient apparente, et plus est grand le montant des faits soigneusement observés qui forment la base de son élucidation, plus la vérité devient digne de confiance. Il est donc de la plus haute importance que les observations d'un caractère identique embrassent le plus vaste champ possible d'observations. Il ne suffit pas, cependant, de réunir des faits statistiques d'une classe avec la plus grande extension et jusqu'aux dernières limites des chiffres, mais il nous faut, pour arriver à de justes conclusions sur les influences qui travaillent à produire ces faits, la collection simultanée de la plus grande variété de faits, la statistique de l'augmentation de la population, des mariages, naissances et décès, de l'émigration, des maladies, des crimes, de l'éducation et des occupations, des produits de l'agriculture, des mines et des manufactures, des résultats du commerce, de l'industrie et des finances. Et tandis que leur comparaison devient un élément essentiel dans l'investigation de notre condition sociale, il ne suffit pas d'obtenir ces observations en masse, mais il nous faut encore, et tout particulièrement, la comparaison de ces mêmes classes de faits dans différents pays, sous les influences variables des conditions politiques et religieuses, des occupations, des races et des climats. Et même la comparaison de ces mêmes classes de faits dans différentes localités ne nous donne pas tous les matériaux nécessaires pour que nous puissions en tirer nos conclusions, car il nous faut encore la collection d'observations des mêmes classes de faits dans les mêmes localités, dans les mêmes conditions, mais à des époques différentes. C'est seulement l'élément du temps, dans le dernier exemple, qui nous permet de mesurer le progrès et la réaction, c'est-à-dire la vie. Ainsi, le médecin, en tâtant le pouls du plus grand nombre de personnes qu'il veut examiner, jeunes ou vieux, hommes ou femmes, et dans toutes les saisons, arrive au chiffre moyen des pulsations du cœur d'un homme dans son état normal; en tâtant le pouls de la même personne dans les circonstances et dans les conditions les plus variées, il arrive à une conclusion sur le pouls de cette personne; enfin, en tâtant le pouls de la plus grande variété de personnes souffrant de la même maladie, il s'assure de la condition générale du pouls sous l'influence de cette maladie; alors seulement, il pourra, en tâtant le pouls d'un malade en particulier, juger s'il est affligé de cette maladie spéciale, autant qu'on peut en juger par l'influence de celle-ci sur le pouls. Mais toutes ces comparaisons de différentes classes de faits dans différentes conditions locales et à différentes époques, dont je viens de parler, dépendent non-seulement — en ce qui touche leur utilité et la facilité avec laquelle elles peuvent être entreprises, mais même en ce qui touche la possibilité de les entreprendre — de la similarité, de la congruité même de la méthode employée et des expressions, chiffres et conditions choisis sous lesquels les observations ont été faites. Le monde, en général, ne doit-il pas les obligations les plus profondes à un congrès comme celui devant lequel je parle, qui s'est donné pour tâche de produire cette assimilation et de mettre à la disposition de l'homme, sur sa propre condition, une accumulation d'expériences scientifiquement élaborées, et réduites de manière à permettre à la plus mince intelligence de tirer des conclusions sûres?

» Le congrès, Messieurs, a réussi dans ses diverses réunions à faire un grand pas dans cette direction. Les statistiques officielles de tous les pays ont été améliorées, et, pour ce qui concerne le recensement, les recommandations de la réunion de Bruxelles ont été en général exécutées dans la majorité des États. Je suis fâché d'avoir, sous ce rapport, à confesser l'existence de quelques exceptions frappantes en Angleterre : par exemple, le recensement de la Grande-Bretagne et celui de l'Irlande n'ont pas été faits précisément sur le même plan, pour des détails essentiels, ce qui diminue beaucoup leur valeur pour les besoins généraux. La statistique judiciaire de l'Angleterre et du pays de Galles ne donne pas un tableau comparatif complet du fonctionnement de nos établissements judiciaires; et, même dans les rapports de tous les départements de l'État les plus activement occupés à la préparation de statistiques importantes, nous ne pouvons nier certains défauts qui doivent être attribués à l'absence d'une autorité ou commission centrale, comme le congrès l'avait recommandé à Bruxelles et à Paris, afin de diriger, sur un plan général, toutes les grandes opérations statistiques à préparer par les divers départements. Semblable commission serait très-utile pour la préparation d'un digeste annuel des statistiques du Royaume-Uni, de nos colonies dispersées et de notre vaste empire indien. On ne pourrait manquer de tirer de ce digeste les plus importants résultats.

» Un des résultats les plus utiles obtenus a été l'accord de tous les pays à rechercher les causes de chaque décès, et à adopter les mêmes noms pour les mêmes causes, ainsi que l'avait sanctionné le congrès. Il a, en cette circonstance, donné un exemple qu'il serait très-désirable que l'on suivît dans toutes les autres branches de la statistique, savoir : l'établissement d'un accord sur des termes bien définis. Il ne devrait pas y avoir plus de difficulté à arriver à un semblable accord pour l'énoncé des crimes divers, que pour celui des « causes de mort; » et l'on doit se rappeler que l'une des premières tâches, l'un des premiers devoirs de toute science, est de commencer par une définition des termes. Qu'est-ce qu'on entend désigner par une maison, une famille, un adulte, une personne avec ou sans éducation, un meurtre, un homicide, et ainsi de suite? Il est évident qu'aussi longtemps qu'on attache un sens différent à ces termes employés dans différents documents, leur usage est nul pour la comparaison et singulièrement amoindri pour la simple étude; et cependant, nous ne sommes pas encore arrivés à réaliser un *desideratum* si simple et si évident. Les divers poids, mesures et monnaies qui servent d'expressions aux différentes statistiques, forment de nouvelles difficultés, créent de nouveaux obstacles.

» Pour les lever, des suggestions ont été faites, aux réunions précédentes, et elles seront sans doute renouvelées. Nous croyons ici que notre livre sterling (*pound*), comme unité commode la plus forte, offre, avec le florin, de grands avantages, surtout si l'on vient à la diviser par le système décimal.

» Nous espérons vous soumettre, en ce qui touche la Grande-Bretagne, l'analyse faite par le *Registrar general* des causes de mort et des dangers que court le peuple à toutes les périodes de sa vie; vous aurez des rapports sur les produits de nos mines et sur les états agricoles de l'Irlande, états où le *Registrar general* de cette île a donné, pour chaque année, l'étendue de terrain consacrée à chaque espèce de récolte, avec une estimation de leurs produits, de leur valeur, et a prouvé, par son succès à obtenir ces faits à des frais comparativement modérés et par l'aide volontaire des propriétaires et cultivateurs, ainsi que du clergé de toutes communions, que l'on avait craint à tort que ces travaux ne pussent être faits sans une dépense considérable, ni sans blesser les intérêts particuliers. Nous devons espérer que, considérant son importance relativement à toutes les questions qui touchent à l'alimentation du peuple, cette enquête s'étendra non-seulement à l'Angleterre et à l'Écosse, mais encore à tout le continent, partout où elle n'a pas encore été instituée. Nos rapports commerciaux démontreront les grands effets produits sur notre commerce par les changements opérés dans notre système commercial; nos délégués coloniaux vous donneront des preuves des progrès merveilleux de ces pays et, en même temps, des services rendus par de soigneuses statistiques, qui ont constaté ces progrès à leurs propres yeux. Je ne doute pas que les délégués étrangers ne s'acquittent amplement envers nous, par les renseignements qu'ils nous donneront en échange. Ces rapports nous démontreront, sans doute, par des chiffres, ce que nous savons déjà par sentiment et intuitivement, à savoir : dans quelle dépendance réciproque se trouvent les différentes nations, pour leurs progrès, leur prospérité morale et matérielle, et comment la condition essentielle de leur bonheur mutuel repose sur le maintien de la paix et de leurs bons sentiments. Qu'elles soient rivales, mais rivales dans la noble carrière du progrès social, où, si l'on a le bonheur d'arriver le premier, tous les concurrents partagent également le prix et sentent tous combien leurs forces et leur puissance s'accroissent dans cette lutte salutaire.

» Je vous retiendrais plus longtemps que je ne me crois le droit de le faire, et j'empiéterais peut-être sur le domaine et les attributions des présidents des sections, si je faisais allusion aux questions qui y seront recommandées à votre attention et à votre examen; mais j'espère qu'on ne me trouvera pas présomptueux si je vous engage, en général, à ne pas vous perdre dans des détails minutieux, quelque tentants et attrayants qu'ils soient par leur intérêt et leur importance intrinsèques, mais à diriger votre énergie tout entière vers l'établissement de ces larges principes sur lesquels doit se baser l'action commune des différentes nations — communauté d'action indispensable si nous voulons faire des progrès réels. — Je sais que ce congrès ne peut que suggérer et recommander; je sais qu'il appartiendra en définitive aux différents gouvernements d'exécuter ces suggestions. Bien des recommandations antérieures ont été, il est vrai, mises à exécution, mais beaucoup aussi ont été négligées, et je n'excepterai pas notre pays du blâme mérité sous ce rapport.

» Je serais véritablement heureux et fier, si cette noble assemblée pouvait poser les bases solides d'un édifice qui sera nécessairement long à construire et qui demandera les efforts laborieux et persévérants des générations à venir, destiné, qu'il est, à l'avancement du bonheur de l'homme, par la découverte de ces lois immuables d'où dépend le bonheur universel. Puisse Celui qui a mis dans nos cœurs la soif de la vérité et qui nous a donné, pour la découvrir, la faculté de raisonner, sanctifier nos efforts et les bénir dans leurs résultats. »

Ce discours remarquable fut accueilli par des applaudissements unanimes. Sur la proposition de lord Brougham, qui s'exprimait au nom de l'assemblée, et sur celle de S. E. M. Van de Weyer, qui parlait plus spécialement au nom des savants étrangers, de nouveaux applaudissements exprimèrent la reconnaissance de l'auditoire.

La séance fut suspendue ensuite, et les travaux furent remis au lendemain.

Les savants étrangers allèrent saluer successivement, au palais de Buckingham, S. A. R. le prince Albert, qui les reçut de la manière la plus bienveillante, et qui montra qu'il savait autant que personne reconnaître la valeur des travaux auxquels ils allaient se livrer et en apprécier l'importance.

Le lendemain, les six sections du congrès se réunirent chacune dans le local qui lui avait été assigné. S. A. R. le prince Albert désira leur témoigner de nouveau tout l'intérêt qu'il prenait à leurs travaux, et alla successivement les visiter dans leurs locaux respectifs.

Chacune des séances particulières des six sections du congrès précédait l'assemblée générale. On présentait, dans cette dernière, à l'approbation générale, les rapports faits dans chaque section sur les questions qui avaient été soumises à son jugement.

Cette réunion de l'assemblée générale avait lieu, à une heure, dans la grande salle où S. A. R. avait fait l'ouverture du congrès. Nous indiquerons rapidement l'objet de ces conférences en ce qui concerne l'adoption des travaux.

Le second et le troisième jour furent spécialement consacrés à entendre les rapports des délégués des différents États sur les travaux faits dans chaque pays, en vue de perfectionner de plus en plus la marche des publications statistiques et de parvenir, s'il était possible, à une unité de vue dans l'assemblage des documents.

Le second jour, c'étaient S. Ex. M. le baron de Czœrnig, pour l'Autriche; le docteur Von Hermann, pour la Bavière; M. Heuschling, pour la Belgique; M. David, pour le Danemark; M. le docteur Asher, pour les Villes libres; M. le professeur Wappäus, pour le Hanovre; MM. Ackersdyck et de Baumhauer, pour la Hollande; M. le baron Maltzahn, pour le Mecklembourg-Schwérin; M. le professeur Daa, pour la Norwége; M. le docteur Wernadski, pour la Russie; M. Hopf, pour la Saxe; M. Vogt, pour la Suisse; M. Agop Effendi, pour la Turquie.

Le troisième jour, c'étaient S. Ex. le commandeur de Carvalho Moreira, pour le Brésil; M. Legoyt, pour la France; M. le docteur Engel, pour la Prusse; M. le professeur Schubert, également pour la Prusse; le docteur Berg, pour la Suède; et M. le comte de Ripalda, pour l'Espagne. M. le docteur Jarvis, président de la Société américaine pour la statistique et délégué de cette association au congrès international, présenta un rapport étendu sur la statistique vitale dans les États-Unis d'Amérique. Plusieurs savants s'attachèrent àdonner encore différents documents sur ce pays remarquable.

Le commencement de la quatrième séance fut également consacré à la lecture de divers rapports; ceux surtout des délégués des colonies anglaises, et de MM. le docteur Farr et Valpy, sur l'Angleterre, furent écoutés avec un vif intérêt.

A ces revues des travaux statistiques qui occupent les différents pays, succéda la communication de l'engagement, pris par quelques-uns d'entre eux, de former un travail général qui renfermerait autant que possible les documents comparatifs des diverses nations, classés par les hommes les plus compétents, de manière à rendre comparables les résultats, et à produire, pour le lecteur instruit, une économie considérable de temps, ainsi que la certitude de ne faire usage que de chiffres qui méritent la plus entière confiance. Au nom de ses collègues de la sixième section, le président (M. Quetelet) donna communication de l'engagement qui avait été pris entre les délégués des principaux États, soit pour leur étendue et leur importance, soit pour le perfectionnement des méthodes statistiques qui y étaient déjà en usage. Il lut à l'assemblée le rapport suivant qu'il avait rédigé à cet effet :

« *Sur la statistique comparative des différents pays.*

» Quand les représentants des différents pays se sont réunis pour la première fois, et qu'ils ont eu leur première conférence, il a été bien entendu qu'il s'agirait avant tout des travaux généraux des nations, et qu'on ne chercherait pas à soulever des questions particulières, qui peuvent avoir sans doute un grand intérêt, mais qui ne concernent pas leur but général.

» Il fallait réunir des notions exactes sur ces différents pays, et faire en sorte que les comparaisons pussent s'étendre, d'une manière sûre, d'un pays à l'autre, pour éviter à la fois des pertes de temps considérables et les erreurs assez graves qui peuvent se présenter dans les comparaisons. Il était important d'avoir des documents recueillis avec soin, comparés entre eux par les hommes les plus intelligents et présentés sous la forme la plus simple.

» Il faudrait à cet effet que les documents essentiels fussent réunis sur un même plan, et, s'il était possible, dans une même langue à côté de la langue dont on se sert dans chaque pays. Bien qu'il ne soit ici question que des grands chiffres qui peuvent intéresser la science et les hommes éclairés en général, toutes les nations ne sont pas également préparées à commencer un travail semblable. Celles qui sont le plus avancées dans le recueillement des documents statistiques devraient donner l'exemple, s'entendre entre elles, et montrer comment il convient de procéder pour arriver à une marche commune, qui permette de comparer les différents renseignements.

» S'agit-il de population, par exemple, il faudrait établir exactement quelle est, dans chaque pays, le chiffre des habitants par province ou par département, en faisant la distinction des hommes et des femmes, connaître l'influence des âges, et donner, s'il est possible, des tables exactes de population et de mortalité; faire la distiction des villes et des campagnes, des professions les plus importantes, et des différentes races d'hommes, s'il y a lieu.

» Ces comparaisons, établies de la même manière, permettraient des rapprochements qui aujourd'hui sont à peu près impossibles, si l'on veut marcher d'un pas sûr, et surtout si l'on tourne son attention vers l'agriculture et le commerce.

» Il ne s'agit pas ici de faire la statistique d'un pays, mais de choisir, dans la statistique de chaque pays, les grands nombres qui peuvent avoir quelque importance pour la généralité des hommes, qui montrent par quels côtés les peuples diffèrent entre eux, et ce qui pourrait conduire à améliorer certaines parties encore en souffrance, qu'il est difficile d'apercevoir quand il n'existe aucun moyen de les bien distinguer.

» J'ai donc proposé à mes honorables collègues, les représentants des différents pays, de vouloir bien s'entendre pour arrêter le plan d'une statistique générale. Ceux d'entre eux à qui je me suis adressé ont obligeamment promis leur généreux concours afin d'en arriver à un plan commun, et pour chercher à le réaliser.

» Ils sont :

» Pour l'*Angleterre* . . . . . M. Farr;
» l'*Autriche* . . . . . M. le baron de Czœrnig;
» la *Bavière* . . . . . . M. Hermann;
» la *Belgique* . . . . . MM. Quetelet et Heuschling;
» le *Danemark* . . . . M. David;
» l'*Espagne* . . . . . . M. le comte de Ripalda;
» les *États-Unis d'Amérique*. M. le docteur Ed. Jarvis;
» la *France* . . . . . . M. Legoyt;
» le *Hanovre* . . . . . M. le professeur Wappäus;
» les *Pays-Bas* . . . . . MM. de Baumhauer et Ackersdyck;
» la *Prusse* . . . . . . M. Engel;
» la *Russie* . . . . . . MM. Wernadski et de Buschen;
» la *Saxe ducale* . . . . M. Hopf;
» la *Suède*. . . . . . . M. Berg;
» la *Suisse*. . . . . . . MM. Vogt et Kolb.

» Si, pour d'autres pays, des collègues consentent à s'unir à nous, ce concours ne pourrait qu'encourager nos efforts.

» Ces pays, pour premier essai, conviendraient du plan général, qui, en plaçant les objets dans le même ordre, rendrait les rapprochements plus faciles, et permettrait en dernier lieu de faire un *tableau général* qui résumerait les documents recueillis dans les différents pays; mais il faudrait toujours s'en tenir aux grands nombres, et laisser à chaque pays ses chiffres individuels.

» On dira que de pareilles tentatives ont été faites; mais les vrais statisticiens sauront combien il est difficile, même à l'homme le plus habile, de voir clairement la valeur d'un chiffre pris dans la statistique de tel ou tel peuple, surtout en perdant de vue les lois sous lesquelles ils sont recueillis.

» Je pense donc qu'un des travaux les plus utiles qu'on puisse attendre d'une réunion telle que la nôtre, c'est que les délégués de quelques pays s'entendent pour recueillir, par forme d'essai, les chiffres les plus essentiels, qu'ils s'entendent de manière à rendre les documents comparables, et qu'ils les publient, dans les différentes contrées, sous la même forme. On pourra aviser ensuite aux moyens de former un *travail comparatif*, où ces divers documents seraient recueillis sous leur forme générale, et comparés entre eux d'une manière utile.

» Aux travaux de détail il faudrait donc faire succéder les travaux généraux, en les soumettant aux hommes les plus exercés. La statistique des États prendrait ainsi sa véritable place, et chaque peuple serait éclairé sur ses intérêts les plus chers.

» Avec un essai semblable, on pourrait entreprendre ensuite le travail général, s'il y a lieu, et arriver à la possibilité d'apprécier exactement la situation de chaque pays, et d'estimer les intérêts les plus chers des États.

» Ce que je viens de dire tend uniquement à faire connaître que plusieurs de nos collègues entreprendront un travail difficile, mais utile, et qu'ils n'attendront votre jugement qu'après avoir produit leur premier essai.

» La statistique administrative est une science qui ne peut marcher qu'avec le secours des États; et il est juste de dire que, dès sa naissance, elle en a reçu tous les secours possibles, puisqu'on trouve ici tous ses représentants. »

L'assemblée fut unanime à adopter l'importante proposition presentée par la sixième section et elle chargea le rapporteur de fournir lui-même le premier modèle du travail d'ensemble à réaliser [1].

[1] En rentrant à Bruxelles, j'invitai l'un de mes collègues à m'aider dans la tâche qui m'avait été confiée, principalement pour le récolement des renseignements qui m'étaient nécessaires. Grâce à ce concours et à l'aide du gouvernement, le travail put paraître en 1865. Ce ne fut toutefois que, dans la session tenue à la Haye, pendant le mois de septembre 1869, que le congrès international de statistique arrêta le plan général qu'il convenait de suivre. — Voir plus loin le compte rendu de cette réunion.

On commença ensuite à présenter les rapports généraux des sections; M. Newmarch fit, au nom de la troisième, un rapport développé sur la statistique des prix des grains et des salaires, qui reçut l'assentiment général.

M. Monckton Milnes fit, à son tour, un rapport sur la statistique de la littérature : ce sujet important avait occupé une partie de la première séance de la sixième section; il avait été vivement débattu, et S. E. M. Van de Weyer y avait présenté plusieurs modifitions heureuses.

Après la lecture du rapport, quelques discussions s'élevèrent sur la mauvaise interprétation des documents statistiques relatifs à la littérature, surtout en ayant égard au moral et à la condition sociale d'un pays.

M. Ackersdyck, entre autres, déclara que « la statistique ne pouvait entrer dans cet ordre de recherches. Les chiffres qu'elles peuvent nous procurer, continua-t-il, je les admets si on veut les recueillir au point de vue et dans l'intérêt de l'industrie, ou comme un objet de curiosité, mais non pour en tirer des conséquences sur l'état de la littérature, de la civilisation et de la moralité d'un pays. »

MM. le comte de Ripalda et le capitaine Sierakowski s'élevèrent avec force contre cette manière de voir. Le dernier surtout montra avec beaucoup de lucidité dans quelle erreur semblait verser l'honorable délégué hollandais : voici ses paroles :

« Permettez-moi, M. le président, d'ajouter quelques mots.

» M. Quetelet est le père de ce qu'on peut appeler la statistique morale, de cette statistique qu'on regarde comme l'anatomie sociale, et qui doit tendre à créer une nouvelle science, celle de la physiologie sociale.

» Eh bien, je repousse, pour mon compte, le reproche le plus injuste qui puisse être fait à la statistique, celui qui consiste à dire qu'elle propage le fatalisme, ou qu'elle ne mène à rien, que c'est de la pure curiosité.

» Cela n'est pas. M. Quetelet et tous ceux de son école disent, au contraire, que la statistique morale aide le législateur et l'administrateur à corriger les défauts de la société, en montrant son état actuel. La statistique démontre que, dès qu'il y a des réformes salutaires apportées dans la législation et dans l'administration, les maux se corrigent, le nombre des délits et des crimes s'amoindrit.

» Loin donc d'encourir le reproche de pousser au fatalisme, on pourrait peut-être dire de la statistique que c'est de l'idéalisme, c'est de la foi à la perfectibilité humaine; mais cela n'est pas, non plus; c'est plutôt du réalisme, c'est de la vraie science.

» Tous les hommes qui ont étudié l'histoire des mœurs et des législations depuis la fin du XVIIIe siècle, ont constaté qu'il était juste de dire que la statistique morale, que la statistique judiciaire démontrait que les réformes bien faites aidaient à corriger les mœurs et à diminuer les délits et les crimes. *(Vives approbations.)* »

Après encore quelques remarques, présentées par MM. Visschers et le docteur Varrentrapp, les propositions contenues dans le rapport de M. Monckton Milnes furent adoptées à la presque unanimité.

Le lendemain, à 1 heure, M. James, directeur de la triangulation d'Angleterre, fit connaître au congrès les cartes déjà publiées par cette institution. Puis MM. les docteurs Balfour et Boudin, de Paris, présentèrent le rapport de la 5me section, sur la statistique militaire. Ce travail donna lieu à quelques discussions intéressantes, auxquelles prirent part MM. Chadwick, les docteurs Farr et Balfour; il fut ensuite adopté par l'assemblée.

Le rapport de la troisième section sur les mines et l'industrie métallurgique fut communiqué en anglais par sir R. Murchison et exposé ensuite en français par M. Aug. Visschers. Ce rapport fut admis unanimement par l'assemblée, ainsi que le rapport de la même section sur la statistique agricole et sur la statistique des chemins de fer, qui fut développé, en français et en anglais, par sir R. Murchison.

M. Guy présenta le rapport de la sixième section sur les signes statistiques et sur la méthode à suivre dans cette science. Ce rapport fut également adopté par l'assemblée.

On passa ensuite aux rapports de la cinquième section, et l'on entendit successivement sur les questions du recensement et sur les occupations du peuple, MM. F. Hendriks, Legoyt et Ackersdyck. M. Farr proposa de maintenir la partie du programme qui concerne les personnes atteintes de maladies graves ou d'infirmités permanentes, et sa proposition fut adoptée.

L'honorable Joseph Napier communiqua le rapport de la première section sur les sous-divisions, les transferts et les charges de la propriété réelle; ses conclusions furent unanimement admises.

Puis sir Richard Bromley présenta le rapport de la cinquième section sur la statistique morale, rapport dont les conclusions furent adoptées par le congrès.

La séance fut terminée par la lecture que donna M. James Heywood, au nom de la sixième section, du rapport sur les unités de monnaie, de poids et de mesures. Ce rapport fut également adopté par l'assemblée.

Dans la dernière séance générale, qui eut lieu le 21 juillet, on présenta les rapports qui n'avaient pu être communiqués précédemment. On entendit successivement MM. Hodge et Legoyt lire leurs rapports sur la statistique militaire et navale; M. Valpy, sur le plan d'une statistique générale; M. A. de Almeida, sur la statistique du Portugal; et M. le Dr Mac William, sur la statistique sanitaire.

Ce dernier rapport attira surtout l'attention, parce qu'il contenait des propositions très-importantes émises par MM. Farr, Sutherland et Mlle Florence Nightingale. Le président donna aussi lecture, à cette occasion, de la lettre suivante qu'il avait reçue de Mlle Nightingale, au sujet de nouvelles recherches que cette Dame distinguée proposait pour le prochain congrès :

« MILORD,

« Permettez-moi de vous faire remarquer que, d'abord dans chaque pays, le gouvernement devrait posséder un grand nombre de renseignements statistiques relatifs aux moyens de prévenir les maladies : ensuite qu'il serait très-important qu'à la prochaine réunion du congrès statistique chaque délégué indiquât, dans les rapports qu'il présentera, tout fait saillant de diminution de mortalité et de maladie, en indiquant aussi l'économie qui résulterait de la mise à exécution d'améliorations hygiéniques dans les villes, dans les habitations de la classe ouvrière, dans les écoles, les hôpitaux et les armées.

» On constate, par exemple, comme un fait statistique que, dans les habitations assainies, la mortalité a baissé, dans certains cas, de 25 et 24 à 14 sur 1000; et que, dans les maisons garnies où se logent les pauvres, foyers ordinaires des épidémies, ces maladies ont cessé de figurer en tête des colonnes des rapports statistiques, par suite de l'adoption de mesures d'assainissement.

» Comme c'est surtout à Votre Seigneurie qu'on doit de si heureux résultats, personne ne connaît mieux qu'elle l'exactitude de ces faits.

» On a aussi constaté que, dans l'armée anglaise, des corps nombreux composés d'hommes vivant sous un certain régime sanitaire perfectionné, ont présenté un chiffre de mortalité qui ne s'élevait qu'à un tiers de celui des années précédentes.

» Votre Seigneurerie ne trouve-t-elle pas qu'il serait d'une haute importance que la statistique de ces faits et d'autres analogues fût dressée avec soin, et mise en regard des statistiques de la mortalité ordinaire?

» On a constaté que dans nos écoles coloniales pour les aborigènes, les enfants ont plus d'une fois été exposés à devenir scrofuleux ou poitrinaires, tandis qu'on cherchait à les élever en chrétiens et à les civiliser.

» Ne suffirait-il pas de quelques mesures sanitaires pour éviter un risque pareil?

» Prenons encore un autre fait dans les écoles. La statistique constate en l'honneur de certaines écoles industrielles et d'autres, où l'on ne consacre à l'instruction que la moitié du temps ordinaire (*half time schools*), que parmi les enfants orphelins et abandonnés qui y sont recueillis, la proportion de ceux qui se perdent par suite de mauvaise conduite n'est pas même en ce moment de deux sur cent, tandis qu'autrefois les deux tiers des élèves se trouvaient plus tard livrés au vice et au crime.

» Ne serait-il pas utile de voir si de tels résultats statistiques ne nous indiquent pas ce qui se pourrait faire par des moyens analogues? En vous soumettant ces idées, je m'appuie sur les paroles de Guizot : « Des rapports précieux, pleins de faits et de vues rédigés par les comités, les inspecteurs, les recteurs, les maires, les préfets, demeurent inconnus du public. Le gouvernement doit prendre soin de connaître et de répandre toutes les méthodes heureuses, de suivre tous les essais, de provoquer tous les perfectionnements. Dans nos mœurs, dans nos institutions, un seul moyen offre assez d'action, assez de puissance pour assurer cette influence salutaire : c'est la presse. »

« Si les faits déjà existants, et qui touchent aux points que j'ai signalés plus haut, étaient recueillis soigneusement et rendus publics par l'intermédiaire du congrès, ce serait sans doute un grand avantage pour la science et pour l'humanité.

» Et puisque ce sont les dépenses à faire qui effrayent les communautés et les empêchent d'exécuter les mesures d'assainissement, si l'on pouvait démontrer que les dépenses qu'entraînent le crime, la maladie et l'excès de mortalité sont plus considérables même que celles qu'on redoute, ceci suffirait pour détruire les objections que pourraient soulever les gouvernements et les nations contre de telles mesures.

» J'ai l'honneur d'être, milord, de Votre Seigneurie la très-humble et très-obéissante servante,

» Florence NIGHTINGALE. »

Après cette communication intéressante, plusieurs membres de l'assemblée prirent successivement la parole pour recommander à l'attention du congrès les propositions contenues dans la lettre qu'on venait de lire. On entendit tour à tour MM. Legoyt, Quetelet et Chadwick, qui s'exprimèrent comme suit :

M. Legoyt. — « J'ai l'honneur de proposer à l'assemblée générale de vouloir bien ratifier le projet de résolution suivant :

» Le congrès recommande à la considération des divers gouvernements les propositions comprises dans la lettre de Mlle Nightingale. (*Très-bien ! Appuyé.*)

» Je ne pense pas qu'il puisse y avoir la moindre opposition. » (*Non, non ! Aux voix !.*)

M. Quetelet. — « Vous connaissez, Messieurs, les importants travaux de l'auteur dont il s'agit. Après les grands résultats qui ont déjà été obtenus, le congrès, à coup sûr, ne peut que se féliciter de l'intention où l'auteur paraît être de continuer ses travaux.

» Les propositions comprises dans la lettre de Mlle Nightingale sont de la plus grande importance, et nous ne pouvons que souscrire avec empressement à une résolution ayant pour but de recommander des propositions émanant d'une personne qui a déjà fait tant de travaux estimables, et qui se prépare à en faire encore. Espérons que la maladie dont elle est atteinte disparaîtra, et que sa santé lui permettra de réaliser des désirs et des intentions si noblement exprimés.

» Je demande, avec MM. Legoyt et Chadwich, à l'assemblée, qu'elle veuille bien seconder les travaux et les projets de l'auteur de la lettre, en exprimant un vœu conforme à ses désirs. » (*Très-bien ! très-bien ! Appuyé ! Aux voix !*)

M. E. Chadwick. — « Milord et messieurs, je vous demande la permission de dire quelques mots en faveur des propositions qui vous ont été soumises par les deux illustres délégués étrangers, savoir, que les gouvernements de l'Europe seront invités par le congrès à donner suite aux propositions contenues dans la lettre de miss Nightingale.

» Je dois vous rappeler qu'après l'Exposition internationale de 1851, l'exemple donné par Son Altesse Royale le prince-consort, en exposant un modèle d'habitations pour la classe ouvrière, a été imité dans différents pays, et qu'il en est résulté de grands avantages. En Suisse et en Prusse, des sociétés privées ont construit des maisons modèles, et les épidémies ont disparu. Le comte Cavour est venu lui-même en Angleterre pour les étudier de ses propres yeux, avec l'intention de les introduire en Italie. Je suis informé que tous ces travaux ont été suivis d'heureux résultats; mais ils sont restés inconnus, et par conséquent sans effet international. Maintenant l'objet de la proposition de miss Nightingale est que ces résultats sanitaires ne restent pas enfouis dans les cartons de la statistique, mais qu'ils soient publiés séparément pour l'instruction et l'avantage des populations.

» A Paris les travaux d'assainissement sont considérables, mais ils ne sont pas suffisamment connus.

» Ici, tous les essais que nous avons faits pour la ventilation de nos casernes ont rencontré des difficultés; en France, ils ont parfaitement réussi.

» Quelques hôpitaux de Paris ont également une excellente ventilation; la ventilation des nôtres est encore un problème à résoudre. Cependant, nous avons fait aussi en Angleterre d'importants travaux d'assainissement. Et le taux de la mortalité est beaucoup moindre maintenant qu'il n'était avant ces travaux. Mais, je le répète, ces heureux résultats ne sont pas suffisamment connus.

» Je suis donc d'avis que la proposition de miss Nightingale est de la plus grande utilité. »

L'assemblée tout entière se rallia à ce que venaient de dire MM. Legoyt, Quetelet et Chadwick et la proposition de Mlle Nightingale fut en conséquence adoptée à l'unanimité.

M. Asher donna alors lecture du rapport qu'il avait fait avec lord Brougham, au nom de la première section, sur la statistique judiciaire. Les résolutions qu'il contenait furent admises.

On entendit enfin plusieurs communications faites 1° par M. Corr Vander Maeren, au nom de la sixième section, sur l'unité des poids, mesures et monnaies; 2° par M. le révérend Rogers, au nom de la quatrième section, sur les banques; et 3° par M. le général sir Charles Pasley, sur diverses questions relatives à la météorologie. L'assemblée écouta avec plaisir, sur ce dernier sujet, l'éminent météorologiste M. Glaisher.

En terminant les travaux de l'assemblée, MM. le baron de Czœrnig et Wernadski adressèrent les remercîments du congrès à S. A. R. le prince Albert, l'illustre président honoraire de la réunion, à l'Angleterre en général, et en particulier à la commission du congrès qui avait tout ordonné avec tant de soins et de zèle, et surtout à M. Farr, le grand ordonnateur de la réunion, qui avait cherché à laisser ignorer les nombreux services qu'il avait rendus (1).

L'honorable M. W. Cowper, vice-président de l'assemblée, fit, avec une élégance et une lucidité admirables, un speech sur les services rendus à la science par cette réunion, qui, en peu de jours, grâce à l'habileté et à la connaissance des affaires publiques, avait pu résoudre plusieurs questions d'une grande importance. Il payait en particulier un témoignage de reconnaissance aux étrangers venus des différentes parties du monde civilisé, pour tâcher de relier entre eux les intérêts des différentes nations.

M. Quetelet, au nom des étrangers, exprima à l'honorable orateur les remercîments de ses collègues pour les nobles sentiments de sympathie que ses paroles généreuses avaient excités en eux. Il rappela en peu de mots ce que la science doit à l'Angleterre. Il parla de la première réunion que la statistique eut, en 1834, à la troisième session de l'*Association britannique,* à Cambridge, session à laquelle il eut l'honneur d'assister avec MM. Malthus, Babbage, Whewell, Drinkwater, Lubbock, Sykes, le professeur Jones, etc. Cette séance fut suivie bientôt de la création des sociétés de statistique de Londres, de Glascow, de Manchester et de la plupart de celles des grandes villes d'Angleterre.

S. E. M. de Carvalho Morera, représentant du Brésil et ministre plénipotentiaire à Londres, ainsi que quelques autres membres, vinrent appuyer l'hommage rendu à l'Angleterre et au comité organisateur du congrès.

M. Legoyt exprima également les remercîments des étrangers pour la généreuse hospitalité qu'ils avaient trouvée à Londres (2).

M. Farr fit connaître ensuite, au milieu des applaudissements de toute l'assemblée, que la prochaine réunion du congrès aurait lieu à Berlin. M. Engel, le digne représentant de la statistique en Prusse, annonça aussitôt qu'il acceptait personnellement avec reconnaissance les témoignages d'estime rendus à son pays et qu'il avait l'espoir qu'il en serait de même pour la Prusse. Les acclamations de l'assemblée accueillirent les paroles de ce savant distingué et lui annoncèrent à plusieurs reprises que le choix de Berlin avait l'assentiment général.

M. le président annonça alors la clôture du quatrième congrès de statistique.

(1) Cet hommage rendu à M. Farr était certes bien mérité, car au savant statisticien revenait une grande part dans l'organisation de la réunion, et c'était donc à lui qu'on était redevable, pour beaucoup, des heureux résultats obtenus par la quatrième session du congrès statistique. M. Samuel Brown, par son activité et les services qu'il n'avait cessé de rendre, avait également droit à toute la reconnaissance de l'assemblée.

(2) On ne peut omettre, en effet, de parler des nombreux témoignages d'estime et de sympathie qui furent prodigués aux étrangers pendant leur séjour en Angleterre, et de citer particulièrement l'invitation au banquet du lord maire de Londres, au banquet des trois sociétés de statistique, des actuaires et du club des actuaires de la même ville, aux fêtes de lord Palmerston, de lord Ebrington, ainsi qu'aux réunions de lady Nightingale, de sir Roderick Murchison, de MM. Farr et Samuel Brown qui, avec une sympathie toute particulière, ont voulu contribuer aux honneurs de cette réunion qui laissera de longs souvenirs.

CONGRÈS INTERNATIONAL DE STATISTIQUE

DE BERLIN (1863).

Le congrès statistique des différents peuples de l'Europe, en se réunissant pour la cinquième fois, à Berlin, était arrivé à la dixième année de son existence. C'était certes le moment de jeter un regard en arrière et de se demander si les résultats acquis répondaient au but de l'entreprise. J'ai hâte de le dire, chacun voyait avec confiance que l'œuvre du Congrès statistique marchait dans une voie sûre et féconde et laissait espérer que, conduite avec prudence et modération, elle finirait par prendre dignement sa place dans le système administratif et scientifique des sociétés modernes.

Ajoutons, à ce sujet, que c'est un honneur pour les nations civilisées de voir la persévérance avec laquelle elles ont marché vers le but qu'il s'agissait d'atteindre. Les gouvernements avaient peut-être vu avec plus de promptitude encore que les savants les résultats qu'il fallait obtenir. Aussi, il n'est pas un pays en Europe qui ait jamais refusé d'envoyer un ou plusieurs délégués pour prendre part au travail que l'on avait projeté de réaliser.

L'état de guerre n'avait pas même arrêté une seule fois ces paisibles assemblées, où il s'agit surtout de veiller aux intérêts et aux avantages des peuples. Elles ont également reçu, dans les capitales qu'elles avaient successivement choisies comme lieux de réunion, l'accueil et l'appui généreux des souverains.

A Berlin comme à Londres, à Vienne comme à Paris et à Bruxelles, la royauté suivit avec attention et intérêt les travaux du congrès, et l'on vit non-seulement S.M. le Roi de Prusse accueillir les délégués étrangers de la manière la plus affectueuse et la plus cordiale, mais aussi S. A. R. le prince héréditaire Frédéric-Guillaume, président d'honneur du congrès, vouloir bien assister, avec son illustre épouse, fille du prince Albert, aux séances de l'assemblée.

Dès le premier jour du congrès, le 4 septembre 1863, Sa Majesté avait, avec une bienveillance toute spéciale, reçu dans son palais les représentants de différents pays, et, avant de leur adresser la parole en particulier, Elle avait daigné faire l'allocution suivante, en français.

« Messieurs,

» Lorsque votre congrès s'est réuni la dernière fois à Londres, vous avez résolu de choisir Berlin comme lieu de réunion pour cette année. Mon gouvernement n'a pas tardé d'applaudir à cette résolution, et c'est avec une véritable satisfaction que je vous reçois dans ma résidence. Mon ministre de l'intérieur vient de vous indiquer que, depuis près de deux siècles, mes ancêtres, pénétrés de la statistique, ont voué une attention toute particulière à cette science, héritage que j'ai adopté par conviction.

» La science que vous cultivez, Messieurs, est d'une grande importance, vu qu'elle est essentiellement pratique, et par là même elle a lieu de prétendre à la sollicitude de tout gouvernement. Les objets que vous allez soumettre à vos délibérations sont nombreux et importants, et demanderont, pour les résoudre, tout votre savoir et toute votre intelligence si reconnue. C'est avec un intérêt tout particulier que je suivrai vos travaux, et ce sera avec une satisfaction réelle que j'apprendrai qu'ils profiteront assurément aussi au bien de la Prusse. »

Les deux premiers jours du congrès furent spécialement consacrés à la réunion des délégués officiels étrangers, qui se trouvaient réunis au nombre de cinquante-quatre. C'étaient :

Amérique	M. Samuel Ruggles.
Angleterre	MM. Farr, Hammick, Fonblanque et Valpy.
Anhalt-Dessau	M. Lange.
Autriche	M. le Dr Ficker.
Bade	M. le Dr Hardeck.
Bavière	M. le Dr von Hermann.
Belgique	MM. Ad. Quetelet, Visschers et Heuschling.
Danemark	M. David.
Espagne	MM. de Ripalda et Pascual.
France	MM. Legoyt et Rendu.
Francfort-sur-Mein	M. le Dr Varrentrapp.
Hambourg, Brême et Lubeck .	M. le Dr Asher.
Hanovre	M. le Dr Wappäus.
Hesse	MM. Rothe, Maurer et Fabricius.
Hollande	M. von Baumhauer.

Italie	MM. Correnti, Maestri et Pasini.
Mecklembourg-Schwérin . . .	MM. Faull et Paschen.
Moldavie et Valachie	M. le Dr Dionys Martianu.
Norwége	MM. Aschehoug, Kjerulf et Heiberg.
Oldenbourg	MM. Becker et Lasius.
Portugal	MM. d'Avila et Carvalho.
Russie.	MM. de Séménow [1], von Buschen, de Weschniakow, Stschepkin et de Heyking.
Saxe (Royaume de)	MM. Biedermann, Weber et Weinlig.
Saxe-Cobourg-Gotha	M. Hopf.
Saxe-Weimar	M. Hillebrand.
Serbie	M. Jakschitsch.
Suède	MM. Berg et Fahraeus.
Suisse.	MM. Stössel, Widmer et Hirsch.
Wurtemberg	M. Riecke.

Dans la première de ces deux réunions particulières, l'assemblée s'occupa d'abord de la formation de son bureau. « Je crois que, pour la composition du bureau, dit M. Engel, ce que nous avons de mieux à faire, c'est d'inviter les présidents et les secrétaires généraux des congrès antérieurs à prendre place au bureau. (*Oui! oui! appuyé!*)

» Ces présidents et dirigeants du congrès étaient : M. le président Quetelet, M. le chef de division Legoyt, M. le Dr Ficker et M. le Dr William Farr, les plus zélés, sans contredit, de ceux de nos confrères qui ont été, dans le passé, appelés à la présidence et à la direction de nos réunions.

» J'exprime le vœu que ces messieurs soient appelés à former aujourd'hui notre bureau. (*Oui! oui!*)

» Si vous êtes d'accord avec moi, Messieurs (*oui! oui!*), j'aurai l'honneur de les y appeler. »

M. Berg. — « Je suppose que M. Engel y restera aussi. »

Voix nombreuses : *Oui! oui!*

M. Engel. — « Je vous remercie infiniment, Messieurs. Puisque vous le voulez, je m'adjoindrai à ces Messieurs et je siégerai avec eux au bureau. Nous ferons tout notre posssible pour guider l'assemblée à un but fructueux.

» Notre digne et illustre ami, Monsieur A. Quetelet, avait exprimé le vœu que Messieurs les délégués des gouvernements se rassemblassent, avant l'ouverture du congrès, pour s'entendre sur certaines questions qui les concernent spécialement. Deux séances,

[1] C'était la première fois que M. de Séménow assistait au Congrès de statistique, où il sut bien vite prendre une place des plus marquantes et faire apprécier ses connaissances statistiques.

qu'on pourrait fixer l'une au vendredi 4 septembre, l'autre au samedi 5, suffiraient sans doute à remplir ce but. Afin que ces séances puissent porter tous leurs fruits, je prendrai soin de préparer un ordre du jour précis et des propositions efficaces. Il va sans dire que les meilleures propositions seront celles émanées de Messieurs les délégués eux-mêmes. »

La parole fut ensuite donnée à M. Quetelet, pour donner lecture du rapport suivant sur le travail statistique d'ensemble proposé à la réunion de Londres, travail auquel les principaux statisticiens de l'Europe avaient été invités à collaborer :

« Messieurs,

» Permettez-moi de vous entretenir d'un travail que j'avais proposé au congrès de Londres, heureux d'y retrouver des amis parmi ceux qui composaient cette réunion. Tout malade que j'étais alors, j'ai osé parler d'une entreprise qui me semblait rester à exécuter. Ce n'était pas à la Belgique, ce n'était pas à moi surtout de l'entreprendre. Il s'agissait d'un travail statistique dont la nécessité me paraissait se démontrer avec évidence, et qui concernait toutes les nations de l'Europe.

» Ce travail, j'avais proposé de le faire d'abord par essai et entre quelques nations seulement.

» J'avais désigné plus spécialement, parce que cela leur revenait de droit, les grandes nations de l'Europe. Mais, sans doute par un sentiment d'amitié, on a bien voulu me nommer moi-même avec mon collègue M. Heuschling pour faire le travail, et l'on a dit, je suppose en plaisantant — mais j'ai pris la chose au sérieux — que si la Belgique ne l'exécutait pas, le travail dont il s'agit ne serait pas fait.

» Ce travail, Messieurs, nous avons essayé de l'exécuter, et nous avons cru, du moins pour la population, qu'il devait être fait plus spécialement par les représentants officiels de la statistique dans chaque pays. Or, je ne vois pas le représentant de cette science administrative en Belgique; je suis seulement président de la Commission centrale de statistique, dont fait partie le statisticien en chef M. Heuschling. Mais j'ai compté assez sur la bonne volonté, le zèle et l'activité de mon collègue, pour être persuadé que je serai aidé par lui dans ce travail, et je ne me suis pas trompé en effet. M. Heuschling a bien voulu écrire officieusement, à ce sujet, aux gouvernements de toutes les nations de l'Europe.

» Vous savez ce qui est arrivé. J'avais parlé de commencer d'abord par quelques nations seulement; mais il s'est trouvé que par un sentiment généreux, déterminé, je le pense, par le désir et le besoin d'avoir une statistique générale de l'Europe entière, et une statistique faite par tous les hommes versés dans la science, il s'est trouvé, dis-je, qu'il y a eu jusqu'à vingt-trois nations qui, avec une obligeance sans égale, ont bien voulu nous communiquer les renseignements que nous avions demandés, et que nous n'avions pas craint de demander à tout le monde.

» Oui, Messieurs, vingt-trois nations, et l'on peut dire l'Europe entière, ont répondu à notre appel. Il y a quelques villes, et particulièrement les villes libres, — dont nous retrouvons ici avec bonheur les représentants, — qui nous auraient aussi donné d'excellents renseignements; mais pour un premier travail, nous avons cru devoir plus particulièrement nous adresser à ceux qui pouvaient exécuter le commencement de l'entreprise sur une échelle plus grande.

» Encore une fois, vingt-trois nations ont bien voulu nous aider et nous ont envoyé leurs documents. Mais, comme vous le concevez sans peine, il a fallu, pour chaque pays, recourir à la personne qui s'y trouvait chargée de la statistique générale, afin d'avoir d'elle, d'abord ses documents, et ensuite des rectifications. Quoique le travail n'ait peut-être pas marché aussi vite que nous l'espérions, et n'ait pas encore l'unité désirable, voici cependant la première partie de l'ouvrage in-quarto que nous devons faire paraître.

» Nous avons suivi l'ordre alphabétique. La nation qui se présentait la première, c'était naturellement l'Angleterre. Je ne veux pas faire tort à mes autres collègues, mais je crois que M. Farr peut être compté, parmi les statisticiens, comme un des plus obligeants et des plus zélés que l'on puisse citer. (*Marques générales d'assentiment.*) M. Farr a donc bien voulu nous promettre et nous fournir des renseignements. Ces renseignements, nous les avons examinés avec soin, mais comme on examine à distance, car il nous a bien fallu, ne fût-ce que pour les compléter et les bien saisir, demander supplémentairement des documents qui manquaient. M. Farr, avec une obligeance très-grande, a bien voulu nous les donner ultérieurement; ces sortes de retards qui se reproduiront naturellement dans la plupart des pays, nous ont fait perdre quelque temps. Je ne puis vous citer, Messieurs, les documents que nous possédons, cela nous mènerait trop loin. Cependant, par ce que je vous dirai pour le pays que représente M. Farr, vous pourrez savoir ce que nous avons demandé à chaque nation.

» Voici ce dont nous étions convenu : il s'agissait de nous donner d'abord, pour l'Angleterre, l'étendue territoriale et la population. C'est là, essentiellement, une affaire de gouvernements, et je crois que c'est à eux surtout qu'il faut demander ces sortes de documents. Il y a sans doute dans la statistique certaines parties où, peut-être, il faudra consulter plus spécialement les particuliers.

» A propos de l'étendue territoriale, permettez-moi de vous en dire un mot.

» Ce qui manque surtout, ce sont les ouvrages de statistique comparée, renfermant les travaux officiels, donnés par des personnes instruites qui en prennent la responsabilité. Quelque soin qu'on y apporte, je ne pense pas qu'il y en ait une seule qui puisse dire : « J'ai » sous la main les documents officiels dont j'ai besoin; quand je voudrai, j'y trouverai sur

» cette ville ou sur cette province les renseignements nécessaires réduits à la même unité » et immédiatement comparables entre tous les pays. »

» Je reviens à ce que je disais sur l'étendue territoriale. Dans un pays, par exemple, on compte par arpents ou par hectares, dans un autre on a une autre mesure. Il est impossible de continuer à condamner les hommes qui font de la statistique comparée, à calculer d'après toutes ces mesures diverses.

» Nous avons voulu parer à ce grave inconvénient, et pour cela nous avons dit : Chacun donnera la mesure de son pays, et puis nous réduirons ces mesures au système métrique, qui est le plus généralement répandu aujourd'hui, ce qui pourra faire éviter une longue perte de temps et permettra de comparer immédiatement l'étendue des pays entre eux.

» Il y a donc dans notre travail deux colonnes : l'une qui est généralement pour ceux qui emploient le système métrique, et l'autre, indiquant la mesure employée spécialement dans le pays dont on présente la statistique particulière.

» Il était nécessaire d'avoir au moins les grandes divisions territoriales dont on demandait la population, car il est bien évident que ceux qui pourront recourir à nos documents ne demanderont pas à savoir quelles peuvent être les divisions inférieures : les ouvrages géographiques, les ouvrages statistiques existent pour cet objet. Mais nous avons travaillé plus spécialement pour la statistique générale et pour les hommes d'État. Nous avons donc donné les grandes divisions du pays ; par exemple, pour les États britanniques, nous avons donné la population de l'Angleterre, la population de l'Écosse, la population de l'Irlande, en subdivisant par comtés.

» Après cela est venue la population par état civil et par âge autant que faire se pouvait pour tous les pays. Nous avons donné ensuite la population pour chaque pays, par groupes d'âge, par religion, par état civil, etc.

» Nous nous sommes occupé aussi des naissances ; nous avons fait la distinction des naissances masculines et féminines et, autant que nous pouvions, des naissances légitimes et illégitimes ; — enfin nous avons considéré tout ce qui concerne les premiers instants de l'existence humaine.

» Puis viennent les décès. Les décès ont été donnés aussi avec la distinction des sexes et, autant que possible, avec la distinction des âges.

» Quelques nations ont présenté des tables de mortalité. Ces tables, j'ai eu besoin de les comparer, et quoique je sois assez ancien dans cette partie, je dois dire que j'ai été surpris lorsque j'ai été à même d'examiner ces documents.

» Inutile, je pense, d'entrer dans plus de développements. Je vous demande pardon si j'insiste trop sur quelques détails. (*Non, non ! parlez !*)

» Nous avons pris les naissances, les décès, les mariages, et nous avons poussé notre examen aussi loin qu'on pouvait le porter. Les différents documents ont été donnés, en indiquant les noms des savants qui ont bien voulu nous les communiquer officiellement pour chaque pays.

» Les tableaux que j'ai l'honneur de vous présenter ici et qui sont déjà imprimés, concernent l'Angleterre ou plutôt les États britanniques, l'Autriche, la Bavière, la Belgique, le Danemark.

» Vous voyez par là, Messieurs, en quoi a consisté notre travail, pourquoi il s'adressait plutôt aux gouvernements qu'aux individus et pourquoi nous avons dû spécialement demander aide aux hommes officiellement chargés des fonctions de la statistique. Nous avons reçu tous les documents qui nous étaient nécessaires. Notre travail n'est pas encore imprimé; mais il ne dépendait pas de nous de le terminer plutôt. Vous pouvez voir du moins ce que nous avons essayé de faire. Vous remarquerez aussi que ce travail n'est pas entièrement le nôtre. En tête de l'indication de chaque pays, nous mettons le nom de la personne qui nous a fourni les documents, et c'est toujours, vous le remarquerez, une personne ayant un titre officiel. Notre travail à nous s'est borné à faire les calculs et à mettre tout en ordre.

» Il y a une partie dont je dois aussi parler, parce qu'elle me fournira encore une occasion de rendre hommage à la bienveillance de nos collègues.

» Il est évident que la statistique ne se compose pas seulement de tableaux numériques; il faut bien savoir ce que les tableaux expriment. Nous avons donc dû demander et je demande encore aujourd'hui à tous mes collègues de vouloir bien continuer à donner, dans cinq, six, dix pages, s'il est nécessaire, les explications propres à faire bien comprendre les chiffres et de nous donner aussi un historique succinct de ce qui a été entrepris dans leur pays en matière de statistique. J'ai eu le bonheur, par exemple, de connaître pour ce royaume trois ou quatre statisticiens de mérite, qui se sont succédé dans l'espace d'à peu près quarante ans. Leur position leur donne ou leur a donné un très-grand avantage; mais il serait fâcheux que l'on en fût à ignorer les noms des hommes qui ont figuré dans la science. Au moyen de quelques mots historiques leurs noms doivent être conservés.

» Nous demandons à chaque pays de vouloir bien remplir les tableaux statistiques; mais cela serait insuffisant; il faut quelque chose de plus : il faut un aperçu historique et l'explication des tableaux.

» Il reste, après cela, un travail à faire, un travail d'introduction. On a déjà commencé; mais c'est un travail très-difficile et très-ardu. Il sera bon de donner dans une introduction les valeurs relatives des nombres, *en ayant égard à la population de chaque pays,* ainsi qu'*au nombre d'années sur lesquelles portent les valeurs données pour chaque gouvernement.*

» Je vous ai déjà dit d'une autre part ce qui me semble rester à faire. Les mesures sont rapportées à une même unité. C'est le système métrique que nous avons cru devoir adopter, parce qu'il est établi dans beaucoup de pays. L'Angleterre vient de faire avec la France une espèce de levée de boucliers; la Russie également, car l'Académie de St-Pétersbourg et les Sociétés de statistique russes semblent pénétrées de l'utilité du même système.

» Ce serait un avantage immense si partout on pouvait avoir les mêmes mesures : c'est un avantage que l'on peut espérer sans doute, mais que l'on ne doit pas attendre de sitôt. Quant à nous, nous y tendons tous. La vie d'un calculateur serait économisée de trois quarts au moins, si, prenant des ouvrages de statistique, on pouvait, grâce à l'uniformité des mesures, les comparer immédiatement. Ce point, du reste, sera examiné dans les conférences de l'une de vos sections.

» Nous n'en pouvons pas moins dès à présent examiner la valeur des documents. La science doit tâcher de marcher de front avec ce que demande la société actuelle.

» La valeur d'un document statistique dépend de beaucoup d'éléments, et il ne faut pas dédaigner ceux qui appartiennent à la science. Il en est deux particulièrement auxquels il importe d'avoir égard : l'un, par exemple, concerne la durée du temps sur lequel portent les observations. Chacun préférera la moyenne de dix années d'observations à la moyenne d'une seule année, comme chacun préférera, toutes choses égales, de consulter la moyenne de mortalité de la France entière à celle donnée par l'un de ses départements; mais il importe de calculer les valeurs probables de ces résultats.

» Pardonnez-moi, Messieurs, ces développements; je vais tâcher de terminer.

» Je voudrais faire comprendre seulement que, puisque nous sommes chargé de réunir les documents de la statistique générale de l'Europe, nous ne pouvons pas le faire en laissant des lacunes trop grandes; nous devons autant que possible mettre nos documents au courant de la science.

» J'aurai encore quelques mots à dire sur les tableaux de mortalité.... Excusez-moi, Messieurs, peut-être dans mon intérêt même, ferais-je bien de garder le silence. (*Non, non! continuez!*)

» Parmi les documents qui m'ont été remis, j'ai trouvé sept ou huit tables de mortalité, et je dois dire, précisément parce que j'ai le plus grand respect pour mes collègues, que ces tables m'ont singulièrement étonné. J'ai voulu les examiner avec plus de soins, et j'ai reconnu des différences que je pouvais soupçonner sans doute, mais que je ne croyais pas aussi fortes. Afin de les juger avec plus d'assurance, j'ai réduit ces tables à une même unité, et j'ai déduit la vie probable; or, voici ce que j'ai trouvé : pour le commencement de la vie, des pays ont offert un grand avantage par rapport à d'autres. L'Angleterre, par exemple, et la Suède sont dans ce cas : la vie probable de l'enfant naissant y est beaucoup plus considérable qu'ailleurs; j'ai été effrayé de ce que j'ai remarqué pour quelques autres pays, la Bavière, par exemple. Mais cette grande différence avait disparu vers l'âge de cinq ans. Alors j'ai pu mieux comprendre pourquoi quelques statisticiens, qui ont fait des tables de mortalité, n'ont voulu les commencer qu'à partir de trois, de quatre ou de cinq ans. La différence des premiers âges tient surtout à la manière dont on a recueilli le nombre de décès à cette époque et aux lacunes nombreuses que laissent les recensements. Il est important pour apprécier des documents rassemblés de la même manière de pouvoir consulter les personnes qui ont fait les calculs et de pouvoir compter sur leur bonne foi. Pour les résultats à partir de l'âge de cinq ans, j'ai été non-seulement très-heureux de leur similitude, mais très-satisfait aussi d'avoir réussi à les rassembler.

» Vous savez, Messieurs, qu'une table de mortalité faite par les représentants officiels d'un gouvernement diffère beaucoup des tables de mortalité faites par une société qui spécule sur la mortalité. Les sociétés ont généralement deux espèces de tables: une de mortalité très-rapide et une de mortalité très-lente; suivant l'intérêt qu'elles y ont, elles prennent l'une ou l'autre table. Ce que nous avons désiré quant à nous, c'est une table exacte. »

On voudra bien nous pardonner d'avoir reproduit ici le long rapport qui précède, en considération de l'intérêt que le congrès attachait à la question dont il s'occupe, et aussi afin de faire connaître quelle suite avait été donnée au vœu émis par la réunion de Londres, de voir publier une statistique générale des nations.

Dans la seconde des réunions particulières, l'assemblée s'occupa surtout d'un projet de règlement pour la réorganisation du congrès, rédigé par M. Engel, et tendant à nommer une commission centrale et permanente qui concentrerait tous les documents statistiques et qui, réunie dans une ville quelconque, les centraliserait pour les tenir à la disposition de tous.

Une longue et intéressante discussion, à laquelle prirent part presque tous les membres présents, s'éleva au sujet de ces propositions. Elle aboutit aux résolutions suivantes : 1° Ajournement à une session ultérieure des questions relatives à l'organisation ou à la réorganisation du congrès; 2° nomination d'une commission internationale, chargée de présenter un rapport sur ces questions à la prochaine réunion du congrès.

Le surlendemain, 6 septembre, eut lieu la première assemblée générale du congrès. Elle était présidée par S. E. M. le comte d'Eulenbourg, ministre de l'intérieur, qui souhaita la bienvenue par un discours très-remarquable, dont nous nous faisons un plaisir de citer les passages suivants :

« Messieurs,

» A mesure que le besoin d'acquérir des connaissances exactes sur la situation des pays et des habitants est devenu plus urgent, les notions de l'importance de la statistique pour l'État en général, pour les diverses branches de son administration et pour l'homme privé, ont fait des progrès incontestables.

» Ce besoin et ces notions sont déjà devenus historiques en Prusse!

» Il ne vous est sans doute pas étranger que le premier tableau de la mortalité dressé par l'Anglais Halley est fondé sur les observations de la mortalité de Breslau, capitale de la Silésie, et particulièrement sur les cas de mortalité des années 1687 jusqu'à 1691 ; vous savez peut-être de même qu'un des premiers ouvrages de votre science : *L'ordre divin dans les modifications de l'espèce humaine,* a pour auteur un Prussien, l'aumônier militaire Süssmilch, et a paru en 1742 à Berlin.

» Mais vous ignorez peut-être que les princes qui ont régné sur ce pays attachaient une grande importance à la statistique. Déjà en 1683, le Grand Électeur donna ordre que, dès l'année suivante, on lui présentât un tableau sur le nombre des personnes nées, mariées et décédées dans l'année précédente, et dans les quatre résidences : Berlin, Cologne, Friedrichswerder et Dorotheenstadt (anciennes divisions de Berlin). En 1684, il demandait ce tableau de toutes les villes de la Kurmark et il est à supposer que déjà dès 1685 on lui a soumis annuellement des aperçus complets du mouvement de la population de toutes les parties de l'État de la Prusse. De l'an 1719 datent des dénombrements assez exacts.

» Vous trouverez dans une esquisse historique sur le développement de la statistique en Prusse, esquisse qui vous sera présentée, une abondance de renseignements qui tous démontrent le haut et puissant intérêt qu'apportaient à la statistique les princes de Prusse ainsi que le peuple.

» Il s'agissait seulement de tenir l'intérêt en éveil, de l'animer et de le former. C'est ce qu'on n'a pas négligé de faire et à une époque déjà reculée de nos jours ; car il y a environ soixante ans que Sa Majesté le roi Frédéric Guillaume III, par un ordre supérieur daté du 28 mai 1805, a posé la première pierre à la fondation du Bureau royal de statistique actuel, bureau dans lequel tous les tableaux statistiques introduits dans les divers ressorts d'administration doivent affluer parallèlement, et se réunir pour être élaborés et amenés à former un ensemble représentant l'état annuel de la progression nationale avec ses fluctuations, de la manière la plus brève, la plus exacte, la plus complète possible.

» Je suis bien éloigné de considérer cette culture historique de la statistique uniquement comme une appréciation de la science. Je suis persuadé, au contraire, qu'elle est née, au moins en partie égale, du besoin, de la nécessité! Et c'est en cela que consiste précisément la grande valeur de la statistique, qui a été en tout temps une très-grande nécessité pour les gouvernants, et, de nos jours, presque aussi indispensable pour les gouvernés.

» Messieurs, votre but doit être, de préférence à toute autre chose, d'augmenter l'utilité pratique de la statistique, en aspirant à compléter ses lacunes, en écartant tout ce qui est superflu, et en rendant comparables les résultats obtenus. Vous avez donc une grande tâche à remplir en suivant ces trois directions, dans cette cinquième séance périodique présente.

» On a mis devant vous et l'on vous a soumis des aperçus sur les points les plus importants de la vie des États et des peuples. Si je les examine l'un après l'autre, je trouve que le chapitre des *dénombrements* forme de nouveau pour vous un objet de recherches, et que vous voudrez vous approcher de la question : Comment la population elle-même pourrait être amenée à coopérer d'une manière active et sûre à cette opération statistique, question la plus importante de toutes?

» Ensuite vous avez examiné les recherches sur la *propriété foncière* à l'ordre du jour. Pour quelques-unes de ces questions, les membres du congrès représentent, en quelque sorte, les événements des siècles. Tandis que l'affranchissement du servage est depuis longtemps un fait accompli, dans les États occidentaux de l'Europe, nous autres Allemands sommes également sur le seuil de l'histoire de cet événement social, le plus important de notre siècle pour céder le temps présent aux États slaves, qui s'en sont emparés déjà avec grand succès, quoiqu'il soit pour eux, en partie encore, une question d'avenir.

» Par cela même que vous voulez vous occuper de la statistique des *salaires,* vous êtes entrés dans un autre domaine de nature sociale. Puissiez-vous réussir à porter de la lumière dans ce domaine qui n'est pas encore suffisamment éclairé, et que le fruit de vos recherches soit, qu'aujourd'hui moins que jamais, il manque à l'ouvrier appliqué et économe l'occasion et la facilité de s'élever, à l'aide de l'intelligence, du travail et de la force morale, de la sphère de la pauvreté à celle de l'aisance.

» En voulant vider à fond les matières dont je viens de parler, vous vous être tracé une tâche très-étendue. Et pourtant je n'ai pas encore, par cela, indiqué tout à fait les limites du champ de votre activité pendant la session présente. Vous avez l'intention de consacrer aussi, d'une manière étendue, votre sollicitude à l'homme physique : *la vitalité et la mortalité de la population civile, vis-à-vis de celle de la population militaire.* Quoique des ouvrages de ce genre ne soient pas nouveaux en général, on ne peut pas méconnaître que des recherches détaillées et comparatives de statisque sont, jusqu'à ce moment encore, des faits rares.

» Ainsi, Messieurs, marchez donc maintenant avec courage et force à la solution de votre grande et belle mission! Ouvrez le chemin à la vérité, en fixant les méthodes telles qu'elles doivent ressortir de la quantité des faits observés et enregistrés. Et si même vous n'atteignez pas encore cette fois votre but, il faut que cette pensée vous console : que, de même que rien ne se perd dans le monde physique, de même rien n'est perdu dans le monde intellectuel. Les pensées échangées dans une assemblée d'hommes si distingués ne peuvent pas tomber sur un sol aride. Tôt ou tard ces semences germeront, et une autre génération récoltera les fruits mûrs de ce que vous avez semé aujourd'hui! »

Des applaudissements unanimes accueillirent la fin du discours de M. le ministre.

L'assemblée, alors, par l'origine de MM. Farr et Quetelet, paya un tribut d'hommage et de regret à l'illustre prince Albert d'Angleterre, dont on avait eu à déplorer la perte depuis la réunion de Londres. Chacun tint à s'associer aux sentiments de profonde estime et de reconnaissance dus à cet homme de bien, l'un des cœurs les plus dignes et les plus généreux qu'aient produits les familles royales.

MM. Farr et Visschers signalèrent également la mort de lord Sidney Herbert et du professeur Ackersdyck, dont on avait pu apprécier les lumières et qui avaient rendu maints services au congrès.

L'assemblée s'occupa ensuite de la formation et de la composition des sections, dont les séances devaient précéder les réunions générales.

La 1re section avait à s'occuper des questions d'organisation du congrès;

La 2me, de la propriété foncière;

La 3me, des prix et des salaires, ainsi que du mouvement des marchandises sur les chemins de fer;

La 4me, de la statistique comparée de la santé et de la mortalité dans la population civile et militaire;

La 5me, des caisses de prévoyance et des assurances;

La 6me, de l'unité internationale des monnaies, poids et mesures.

Chacune de ces six sections tint plusieurs séances et nomma des commissaires chargés de résumer, dans des rapports spéciaux à l'assemblée générale, les décisions qui avaient été prises.

Il nous serait difficile de rendre compte de toutes les communications qui furent faites dans les sections : nous devons nous borner à faire connaître le but des plus importantes, en ayant recours aux rapports faits dans les séances générales.

La première de ces réunions, comme on vient de le voir, fut une séance de bienvenue, consacrée a entendre le discours du Président, S. E. le comte d'Eulenbourg, et à rappeler les pertes subies par le congrès.

Lors de la seconde assemblée générale, qui eut lieu le 8 septembre, on entendit d'abord différents rapports sur la statistique officielle dans les divers États. MM. d'Avila et Maurer prirent successivement la parole, puis il fut donné communication des résolutions prises par la 1re section, au sujet des questions d'organisation du congrès (1). « La question qui nous occupe en ce moment, dit M. Visschers, rapporteur, a fait l'objet de délibérations approfondies. D'abord, Messieurs, dans l'assemblée des délégués officiels, qui, comme vous le savez, s'est réunie vendredi et samedi de la semaine dernière, il a été nommé une commission chargée d'examiner, d'une manière approfondie, cette partie du programme et d'en faire rapport. Cette commission, composée de sept membres, a conclu également, vu

(1) Nous avons déjà rendu compte, page 53, de la discussion qui s'était élevée, au sujet de ces questions, dans les deux réunions préparatoires tenues les 4 et 5 septembre par les délégués officiels seulement.

la diversité des opinions, à l'ajournement de la question, et elle a chargé M. le docteur Ficker et moi de présenter des conclusions, dans ce sens, à la 1re section. Ce matin, nous avons eu l'honneur d'exposer en détail à la 1re section les motifs qui militent pour faire prononcer cet ajournement. Je me bornerai ici à vous en donner succinctement le résumé.

» D'abord, Messieurs, à l'unanimité, un juste tribut d'hommage a été rendu à la rédaction de cette partie du programme, qui est due à M. le docteur Engel (*applaudissements*). Si de puissantes objections ont été présentées, c'est que, en effet, il s'agit d'une des questions les plus essentielles pour le congrès de statistique : peut-être, permettez-moi cette expression, d'une question de vie ou de mort. Ce sera, je n'en doute pas, la prolongation de l'existence du congrès qui résultera de cette discussion; mais c'est présisément un motif de rester fidèle à la résolution de ne rien changer à ce qui existe, sans une raison bien démontrée... »

Une discussion des plus intéressantes s'engagea sur les conclusions du rapport de la 1re section et se termina par l'adoption de ces résolutions.

Le commencement de la troisième séance fut également consacré à entendre des rapports sur la marche de la statistique dans plusieurs États. Les communications de M. le comte de Ripalda sur l'île de Cuba; de M. de Sémenow sur la Russie; de M. Hopf sur les duchés saxons; de M. Jakschitsch sur la Servie; de M. Valpy sur l'Angleterre, et de MM. Stössel et Hirsch sur la Suisse, excitèrent vivement l'attention de l'assemblée.

Puis, sur la proposition de M. Schubert, parlant au nom de la 1re section, et après quelques observations présentées par divers membres, les décisions suivantes furent successivement adoptées :

« 1° Le congrès désire et croit nécessaire aux intérêts généraux de la science de la statistique qu'un exemplaire de tous les travaux officiels et de toutes les communications des bureaux statistiques soit offert aux bibliothèques des Universités et des grandes Sociétés savantes de l'Europe, et recommande aux délégués officiels d'employer en ce sens leur intervention auprès de leurs gouvernements respectifs;

» 2° Le bureau statistique prussien est chargé de recueillir les déclarations des autres statistiques, dans le but de savoir si leurs gouvernements accepteraient un échange, destiné aux bibliothèques des Universités et des Académies, des publications statistiques, et de les faire parvenir aux bureaux dont les gouvernements ont consenti;

» 3° Les représentants officiels sont priés de s'adresser à leurs gouvernements pour l'obtention de la franchise de port pour tous les envois des bureaux de statistique, faits dans ce but aux bibliothèques en question. »

L'assemblée entendit ensuite la lecture d'une partie du rapport de M. von Prittwitz sur les travaux de la 2me section, relatifs à la propriété foncière au point de vue de la statistique.

La quatrième séance (10 septembre) fut ouverte par la communication du rapport de M. Quetelet sur les travaux de la statistique internationale ([1]), et la présentation d'aperçus sur la statistique de l'Espagne et du Portugal, par MM. le comte de Ripalda et le chevalier de Carvalho.

Une proposition émise par un grand nombre de membres fut ensuite lue à la réunion : elle exprimait le vœu que le gouvernement de S. M. l'empereur de Russie, et, en général, que tous les chrétiens du rite grec, voulussent bien adopter, pour la supputation du temps, le calendrier le plus universellement répandu en Europe.

Cette proposition si utile, fortement appuyée par le délégué de la Russie, M. de Sémenow, reçut l'approbation générale.

Diverses résolutions prises par la 1re section furent encore présentées à la quatrième séance du Congrès : elles avaient trait aux Commissions centrales de statistique dont on demandait l'institution dans tous les pays. Ces résolutions, après quelques observations, furent unanimement admises.

Puis la parole fut donnée à M. Koulomzine, pour donner connaissance du rapport de la 2me section, sur la propriété foncière, rapport dont M. von Prittwitz avait déjà communiqué la substance dans la réunion de la veille. L'assemblée adopta les conclusions de ce document.

La séance fut terminée par l'examen des travaux de la troisième section, laquelle s'était spécialement occupée de la statistique des prix et des salaires. Plusieurs résolutions importantes furent prises à ce sujet, après avoir donné lieu à un débat très-intéressant.

Le lendemain, cette même question fut reprise au début de la cinquième séance. Puis on entendit, successivement, les rapports de MM. Runde et de Weschniakoff, présentés au nom de la 2me section, sur l'établissement des registres hypothécaires et leur organisation; et de MM. Boeckh et de Baumhauer, au nom de la 1re section, sur l'organisation du recensement et de la démographie. Voici, relativement à ce dernier rapport, quelles furent les décisions de l'assemblée :

« 1° Le congrès reconnaît qu'il est utile qu'il soit présenté, pour le prochain congrès, un travail séparé qui spécifie les moyens pratiques d'exécuter le relevé démographique, outre le recensement;

» 2° Pour avoir un recensement qui puisse se prêter à tous les besoins de l'administration, il est indispensable de dénombrer non-seulement la population *de fait*, mais aussi la population *de droit* de chaque commune et de chaque province. Il est urgent, à cet effet, de trouver un criterium à l'aide duquel on puisse reconstituer, avec les éléments de la population de fait qu'on aura soin de se procurer dans les recensements simultanés, la popu-

[1] Voir page 49.

lation de droit. Et c'est sur cela qu'on appelle l'attention des congrès statistiques prochains, afin d'obtenir l'uniformité des règles qu'il faudra suivre pour préparer dans les opérations préliminaires du recensement les éléments nécessaires à préciser la population de fait. »

Enfin MM. Maybach, Löffler et Basting donnèrent connaissance de rapports sur les travaux des 3me et 4me sections. Le premier concernait le mouvement des marchandises sur les chemins de fer; le second, la statistique comparée de la santé et de la mortalité dans la population civile et militaire.

La sixième et dernière séance du congrès eut lieu le 12 septembre. Elle fut, on peut le dire, la mieux remplie, car il s'agissait d'y recevoir communication des rapports arriérés et de s'occuper de déterminer le pays où aurait lieu la prochaine réunion.

MM. de Lavergne et de Weschniakoff firent d'abord connaître les nouvelles résolutions présentées par la 2me section, au sujet de la propriété foncière. Elles furent admises, de même que les résolutions prises par la 4me section et communiquées déjà dans la séance de la veille, par MM. Löffler et Basting.

La question si importante de l'unité des poids et mesures occupa ensuite l'attention de l'assemblée. Diverses propositions lui furent soumises au nom de la 6me section, par MM. Dove et Visschers.

MM. Samuel Brown, Leone Levi, Ruggles, Varrentrapp et Hirsch demandèrent tour à tour la parole pour appuyer ces propositions, qui furent adoptées par l'assemblée à l'unanimité. Elles demandaient, entre autres :

1° L'adoption du système métrique comme mesure internationale;

2° De ramener à un petit nombre les unités monétaires en usage, et de les diviser décimalement autant que possible; de régler les diverses espèces de monnaies d'après le système métrique, et enfin de leur donner à toutes le même titre, à savoir : $^{9}/_{10}$ de fin et $^{1}/_{10}$ d'alliage;

3° De former, dans les pays où le système des poids et mesures métriques n'est pas encore introduit, des associations qui rechercheraient les moyens de faire adopter ce système.

MM. Hopf et Löwengard présentèrent, au nom de la 5me section, le rapport sur la statistique des assurances. « Les résolutions que la 5me section vous propose d'adopter sont de deux natures différentes, dit M. Löwengard; les unes sont des résolutions générales qui concernent toutes les branches d'assurances indistinctement, les autres sont des résolutions spéciales qui ont rapport à chacune des catégories qui ont été traitées par les sous-commissions spécialement constituées à cet effet. » L'assemblée adopta les différentes propositions qui lui étaient soumises:

On entendit encore diverses communications sur le système de la prévoyance et des secours mutuels, ainsi que sur l'institution de sociétés pour l'instruction des ouvriers. Enfin, sur la proposition de plusieurs membres, l'assemblée décida, à l'unanimité, que la question de l'instruction publique en général ferait désormais partie du programme des congrès de statistique.

Au moment de clore les débats de la cinquième session du congrès, M. le Président fit connaître que M. Correnti, délégué italien, lui avait adressé une lettre pour le prier de faire part, à l'assemblée, de l'invitation que le gouvernement italien, par son organe, faisait au congrès de tenir sa prochaine réunion dans la capitale de ce royaume.

Cette gracieuse invitation reçut l'assentiment général; mais, afin de ne pas s'écarter des précédents, l'assemblée ne put que recommander au bureau de tenir compte de ce vœu, parce qu'à ce dernier seul revenait l'autorisation de désigner la ville où le prochain congrès devait se réunir ([1]).

M. de Sémenow, délégué de la Russie, se leva ensuite pour présenter la proposition suivante, qui fut accueillie par les applaudissements de l'auditoire :

« Le congrès invite S. E. M. le comte d'Eulenbourg, vu l'absence de S. M. le Roi, qui ne se trouve pas actuellement à Berlin, d'exprimer à Sa Majesté nos sentiments de profonde reconnaissance pour l'accueil bienveillant et distingué dont il a bien voulu nous honorer ainsi que son gouvernement, et particulièrement pour la haute protection que le Roi a daigné accorder à la science que nous représentons. » (*Bravo! bravo! appuyé! appuyé!*)

» Je propose également, ajouta M. le marquis d'Avila, d'émettre un vote de remercîments à M. le ministre de l'intérieur comte d'Eulenbourg (*bravo! bravo!*), qui a bien voulu présider nos séances, au bureau du congrès et notamment à l'honorable docteur Engel (*bravo! bravo!*), qui a si bien dirigé nos travaux, et contribué d'une manière si efficace et avec un remarquable talent à la rédaction du programme qui a servi de base à nos délibérations ([2]). » (*Applaudissements unanimes.*)

Après quelques paroles de remercîment prononcées par S. E. M. le comte d'Eulenbourg et par M. Engel, la cinquième session du congrès de statistique fut déclarée close.

([1]) On sait que le bureau se conforma aux désirs exprimés à Berlin, et que Florence fut désigné comme lieu de réunion du sixième congrès.

([2]) Nous n'avons pas besoin d'ajouter que l'assemblée tout entière se rallia spontanément à cet hommage rendu au savant ordonnateur du congrès de Berlin. Chacun sait, en effet, que c'est grâce à l'activité et aux lumières de M. le docteur Engel, que cette session fut l'une des plus fructueuses et des plus remarquables que l'on eût eues jusqu'alors.

CONGRÈS INTERNATIONAL DE STATISTIQUE

DE FLORENCE (1867).

Le besoin de se voir et de s'entendre pour faciliter la transmission des lumières et les relations des gouvernements entre eux appartient essentiellement aux modernes. Les anciens n'avaient aucune idée de cette diffusion générale des connaissances scientifiques et administratives, car nous ne pouvons considérer comme telles les conversations et les disputes de quelques philosophes de l'antiquité au sein de leurs écoles. Florence eut, la première, l'idée heureuse de former une société savante, dont la création fut, presque immédiatement après, suivie de celle de l'Académie des sciences de Paris, de la Société royale de Londres et de la plupart des grands corps scientifiques et littéraires qui couvrent aujourd'hui le monde : à mesure que les sciences et les lettres se répandirent, les grands établissements nationaux et particuliers se multiplièrent de plus en plus.

Mais ces établissements appartenaient plus spécialement aux pays qui les avaient vus naître. Les associations qui se formaient ne se rattachaient aux pays voisins que par les marques de courtoisie qu'elles se donnaient entre elles : chaque peuple conservait ses mœurs, ses habitudes et ses goûts spéciaux. Dans ces derniers temps, l'union intime entre les nations n'avait point encore cherché à se faire jour ; et, il y a un quart de siècle, l'idée n'était point venue, même, de fonder une association internationale de savants, où ceux-ci se réuniraient comme des frères.

Les premières réunions du congrès de Florence eurent lieu, comme précédemment, entre les délégués officiels des nations seulement, les 27 et 28 septembre 1867 : tous les délégués des pays invités étaient présents, excepté ceux de l'Espagne et du Portugal, dont on a regretté vivement l'absence à cause des lumières qu'on était en droit d'en attendre (1).

(1) Nous ne donnons pas de développement aux travaux administratifs du congrès des délégués des divers États ; on conçoit, en effet, que les discussions ont dû porter plus spécialement sur les moyens les plus sûrs et les plus expéditifs d'obtenir, pour les différentes nations, des documents exactement comparables et précis sur les détails qu'il est possible de réunir.

Avant de commencer ses travaux, le congrès s'occupa du choix de son président, et les voix se portèrent naturellement sur M. Maëstri, l'actif et savant organisateur de la session qui allait s'ouvrir. M. Maëstri déclina avec modestie cette distinction, par suite des travaux nombreux que lui imposait sa qualité de secrétaire général; sur sa proposition, M. Quetelet fut invité par ses collègues à accepter la présidence.

Après quelques mots de remercîments à ses honorables collègues et un coup d'œil jeté sur le bel avenir que promet le congrès de Florence, M. Quetelet rappelle les titres que la capitale actuelle de l'Italie présentait à leur estime. « Qu'il me soit permis, dit-il, de manifester un sentiment d'admiration pour cette ville de Florence, où nous recevons aujourd'hui l'hospitalité, et qui, la première, a donné l'exemple de ce que peut produire l'association des savants. C'est ici, en effet, que s'établit cette Académie des savants italiens qui précéda l'Institut de France et la Société royale de Londres; c'est ici qu'on a senti, pour la première fois, la nécessité de rassembler des hommes éminents qui, réunissant les connaissances dans un centre commun, pussent marcher en avant comme ne formant qu'un corps, comme animés d'une seule et même pensée.... »

M. Maëstri, secrétaire général du congrès, dont l'influence active répandit tant de facilité et de charmes sur toutes les relations que les savants des diverses nations eurent entre eux, propose, en premier lieu, la marche qu'on aurait à suivre, marche qui peut se diviser en ces trois points principaux :

1° La question relative à la transmission des documents de l'association entre les membres des différents pays;

2° La réorganisation des congrès de statistique;

3° L'examen de divers points du programme.

Abordant la première question, MM. Legoyt, de Czœrnig, Berg, etc., parlent, avant tout, de la franchise de port entre les différents États pour la transmission des documents statistiques, et des moyens de faciliter les relations administratives d'un pays à l'autre.

M. Maëstri, de concert avec M. le président, propose de renvoyer cette question à une commission qui serait composée de MM. de Czœrnig, Legoyt, Engel, Berg, Farr, de Baumhauer, Sémenow et Maëstri.

Cette proposition a été adoptée plus tard et a donné lieu à des détails intéressants présentés par M. Engel et par plusieurs autres membres.

La deuxième question à l'ordre du jour est la réorganisation des congrès de statistique. M. Maëstri, en l'absence de M. Visschers et à défaut du rapport que ce membre avait fait espérer, propose que la commission internationale arrête les résolutions qui pourraient en tenir lieu. Après une longue discussion, la proposition de M. Maëstri est adoptée.

Les délégués se sont réunis en conséquence et ont exprimé, plus tard, dans une note, leurs vœux sur la question qui leur était soumise. Cette note a été imprimée dans le *Compte-rendu des travaux du congrès.*

Dans sa séance du vendredi soir, 27 septembre, le comité s'occupe de la proposition de M. Maëstri d'inviter les délégués officiels à donner leur avis sur le programme, uniquement dans le but de faciliter les discussions qui vont s'ouvrir, soit dans les sections, soit dans l'assemblée générale.

Différentes opinions sont successivement émises par MM. de Baumhauer, Legoyt, Engel, Farr, Hermann, de Czœrnig, Max Wirth, etc. Une proposition faite par M. Engel est, après une longue discussion, mise aux voix et non adoptée.

La troisième séance des délégués officiels a lieu le jour suivant, samedi, à 9 heures du matin. M. Quetelet, président, présente M. le sénateur comte Arrivabene, président de la junte consultative italienne de statistique, et M. Wolowski, délégué de l'Institut de France. Après cette présentation, M. Maëstri, qui veut bien prendre la direction active des débats, donne la parole à M. Worms, secrétaire, pour la lecture du procès-verbal de la séance précédente, qui est approuvé.

On passe ensuite à l'ordre du jour. M. David exprime le désir de voir fixer les règles qui doivent être suivies dans les discussions et dans la manière de poser les questions soumises à l'assemblée. MM. Hermann, Farr, Legoyt, Engel donnent leur avis à cet égard; M. Pioda demande qu'on adopte provisoirement les statuts, et qu'on renvoie les articles non adoptés à la section spéciale qui a été chargée de les rédiger.

En ce moment on annonce l'entrée de M. De Blasiis, ministre de l'agriculture, de l'industrie et du commerce du royaume d'Italie et président du congrès.

MM. le comte Arrivabene et Wolowski proposent de lire successivement les articles du règlement et de voter sur chacun d'eux. Cette marche est suivie : nous devons omettre ici les nombreux détails de cette opération, qui conduit successivement à l'examen de différentes questions. En dernier lieu on recherche s'il faut approuver la concentration des documents statistiques sur un seul point de réunion, ou admettre leur diffusion.

M. Pioda parle en faveur de la concentration : MM. Quetelet et Wolowski désireraient, au contraire, la multiplicité des centres, qui permettraient de mieux juger, dans les pays respectifs, des vœux et des besoins de la nation, et d'assurer à tous les mêmes droits et les mêmes avantages lors de chaque congrès. M. Legoyt présente à son tour ses observations, et l'assemblée prononce l'ajournement de la question.

ASSEMBLÉE GÉNÉRALE.

Première séance. — Le dimanche, 29 septembre, les membres du congrès se réunissent, vers 10 heures du matin, en assemblée générale, pour entendre, en langue italienne, le discours d'ouverture de M. le ministre de l'agriculture, de l'industrie et du commerce, dont nous reproduisons ici la traduction française :

« Messieurs,

» L'Italie, après de longs siècles d'infortune, a eu, dans ces dernières années, des jours qui surpassent tout ce qu'elle pouvait espérer. Parmi ces satisfactions et ces joies elle place au premier rang celle d'accueillir, comme ses hôtes, dans le siége central de sa nationalité reconstituée, les représentants de la civilisation moderne assemblés en congrès, qui s'appliquent à résoudre les problèmes d'une science nouvelle encore, et qui, observant exactement les faits, et en comparant avec soin les chiffres qui en sont l'expression, travaillent à mettre en évidence les vérités les plus propres à faire naître la prospérité des populations prises isolément, et à faciliter le développement du progrès général. Je suis heureux que, dans une si belle occasion, il me soit donné de prendre la parole au nom de ma patrie bien-aimée. Je remercie les représentants accrédités des nations étrangères qui ont bien voulu se réunir ici et les savants distingués qui sont venus des diverses parties de l'Italie pour contribuer, eux aussi, à l'échange d'idées et d'observations dont la science sait tirer un si grand parti, échange qui rend plus solides les liens d'une estime et d'une amitié réciproques entre les peuples civilisés.

» Cette terre classique, toujours sympathique aux savants étrangers qui l'ont visitée, par la singularité des dons que lui a prodigués la nature et par la beauté des œuvres et des monuments dont l'art l'a enrichie, offre peut-être aujourd'hui un intérêt plus grand encore aux étrangers qui cultivent la science dont les éléments relèvent du rapprochement et de la comparaison des faits.

» En moins de vingt ans, il s'est accompli en Italie un changement politique dont bien peu d'exemples nous sont fournis par l'histoire, soit pour la rapidité des événements, soit pour la multiplicité de l'importance des phases parcourues. Je ne m'arrêterai pas à montrer combien est vaste le champ qui se trouve ainsi ouvert aux observations et aux déductions de la science statistique; je ne dirai pas combien d'importantes vérités pourront éclore de la comparaison établie entre les impressions individuelles et journalières des savants italiens (qui ont suivi de près ce changement et y ont souvent pris part) et les vues générales et plus froidement raisonnées qui résulteront de l'étude à laquelle se livreront les étrangers distingués que nous avons parmi nous.

» Vous possédez à fond la science de la statistique et il n'est pas besoin de vous rappeler que, comme l'indique son nom, elle tend à instruire et à guider les États; elle se rend grandement utile aux pays qui jouissent d'un gouvernement libre, cherchant à régler les affaires publiques, non pas selon l'arbitraire des individus et avec l'autorité qui s'impose, mais par la raison des faits et avec les démonstrations qui peuvent persuader et convaincre.

» J'espère que vos études seront d'une grande utilité pour l'Italie, dont le gouvernement s'inspire des principes les plus larges de la liberté. Au nom de l'Italie, donc, et de son gouvernement, je vous offre de nouveau les plus sincères et les plus cordiales félicitations, et je vous invite à commencer vos travaux qui, je n'en doute pas, produiront les meilleurs résultats pour le progrès de la science et pour la prospérité des peuples. »

Après les vifs applaudissements qui ont accueilli ce discours, MM. Maëstri et Legoyt invitent l'assemblée à former immédiatement son bureau, de manière à pouvoir ensuite commencer les travaux.

« Avant de donner suite à la motion de M. Legoyt, dit M. le président, je prierai M. Maëstri de vouloir bien faire connaître à l'assemblée les noms des personnes qui faisaient partie du bureau provisoire. »

« Le bureau provisoire, dit M. Maëstri, était composé ainsi : président, M. le ministre; vice-présidents, les présidents de la junte organisatrice et les membres du comité exécutif. Parmi les délégués officiels des gouvernements étrangers, M. Quetelet, président de nos réunions préparatoires. »

M. Arrivabene propose d'appeler au bureau, comme vice-président, M. Wolowski, délégué de l'Institut de France.

« Je dois rappeler au congrès, dit M. Maëstri, que, dans toutes les sessions précédentes, on a nommé vice-présidents honoraires MM. les délégués officiels. »

« Je trouve les propositions de MM. Maëstri et Arrivabene tellement indiquées par les convenances et la nature des choses, dit M. Quetelet, que je demande avec les plus vives instances à l'assemblée de vouloir bien les adopter et de ne pas me donner le regret d'être seul au bureau pour représenter les nations étrangères. »

« L'assemblée paraissant adopter cette proposition, dit M. le président, j'ai l'honneur d'inviter MM. les délégués des gouvernements étrangers et M. Wolowski à venir prendre place au bureau. »

Le bureau se compose ensuite, comme secrétaires : de MM. Worms, Reymond, Bodio, Mayr, auxquels sont adjoints MM. Brown, pour l'Angleterre, W. de Thœrner, pour la Russie, et M. C. Lagache, de Paris. En outre, MM. Boni et Casaglia sont nommés secrétaires remplissant les fonctions de questeurs.

Sur la proposition de M. Maëstri, l'assemblée se forme aussitôt après en sections, pour la constitution de ses bureaux (le nombre des assistants était environ de 400) [1]. Le siége de la présidence provisoire, dans chaque section, est occupé par chacun des présidents de la junte organisatrice du congrès. Les élections sont faites selon le système ordinairement suivi.

A la suite de la réunion de chaque jour, pour chacune des huit sections dont se composait l'assemblée, il y avait des séances générales, dans lesquelles les rapporteurs désignés venaient exposer successivement les conclusions adoptées dans ces sections.

Ici se présente nécessairement une difficulté, souvent mal comprise et mal interprétée. Les études comparatives que l'on fait entre les différentes nations, les nécessités qui sont imposées, l'obligation de se resserrer dans certaines limites ne peuvent, en aucune façon, permettre d'identifier la statistique *internationale* avec la statistique *générale* telle que la conçoit la science. La question la plus simple, celle d'un recensement, prouve déjà la différence. S'il fallait faire le cadre le plus complet pour une statistique de la population, le plan ne serait pas difficile à tracer, et tous les hommes instruits le feraient d'une manière plus ou moins exacte. Mais si l'on veut, par exemple, organiser un dénombrement d'une manière uniforme dans les différents pays, l'on voit bientôt quelles mesures sont à prendre, et devant quelles difficultés il faut reculer; on sent qu'il faut, si l'on ne veut compromettre toute l'opération, céder devant certains préjugés, devant l'impossibilité d'obtenir des résultats comparables, devant des obstacles qu'imposent les habitudes et les lois existantes, et l'on se trouve parfois réduit à effacer de son programme plusieurs questions auxquelles on attachait le plus grand prix. On conçoit donc la difficulté de juger de la même manière, selon qu'on se trouve dans l'une ou l'autre position, avec la nécessité de ne blesser ni les habitudes, ni les idées religieuses, ni les lois existantes.

Les délégués des nations ont des devoirs à remplir envers leurs mandataires et envers les sujets du recensement; le savant marche, au contraire, avec toute l'indépendance possible. On voit qu'en voulant rester fidèles à la vérité, les uns ne peuvent cependant demander tout ce qu'ils désireraient connaître, ni s'imposer les mêmes obligations que les autres.

Quand, en 1833, l'Association britannique admit la statistique à figurer parmi les sciences dont il est question dans ses travaux, elle ne voulut l'admettre que comme science mathématique, et repoussa des faits d'expérience qui pouvaient y conduire. Lorsque, au contraire, les congrès statistiques furent établis en 1853, on ne voulut point admettre la partie mathématique, mais on demanda la connaissance des faits matériels et spécialement l'exposition de ces faits par tableaux numériques. L'Association britannique

[1] On a compté 6 à 700 membres du congrès qui ont été inscrits sur les listes officielles.

et le Congrès international de statistique se trompaient évidemment dans les limites extrêmes où ils s'étaient retranchés. La statistique sévère des nombres revint rapidement à des principes moins austères et permit à l'expérience de se placer à côté de la science : la statistique pratique fut plus lente à prendre sa véritable place; et malgré les essais déjà faits antérieurement, ce ne fut qu'à l'assemblée de Florence qu'on décida d'adjoindre aux huit sections formant déjà l'objet des travaux de l'association, une neuvième section spéciale où il serait permis d'aborder les questions qui n'admettent de solutions que par l'analyse mathématique. Peut-être même, sans créer une nouvelle section, suffirait-il d'annoncer que la première section de *Théorie et de technologie de la statistique* comprend cette application en lui donnant toute la latitude nécessaire.

Ce point spécial mérite d'être remarqué comme révélant un mouvement d'heureuse évolution qui tend à remettre la statistique dans sa véritable position. Combien d'erreurs, et même d'erreurs très-graves, pourraient être évitées, en soumettant les questions à leurs véritables modérateurs : combien de questions préjudiciables aux nations pourraient être écartées! Il est de ces questions de la plus haute importance pour la richesse, pour la santé, pour le bien-être des peuples, qui pourront être discutées avec toute évidence, par les hommes les plus capables : on saura ce qu'il faut rechercher et ce qu'il faut éviter, et enfin *l'on pourra peser le poids des faits que l'on avance*, ce qui est le caractère le plus important de la véritable statistique.

Dès la première réunion de la section de *Théorie et de technologie de la statistique,* l'assemblée entière sentit le besoin de se mettre sur le terrain nouveau qui devait bientôt s'ouvrir légalement devant elle. « Il y a un siècle, dit le respectable M. David dans le premier discours prononcé à l'ouverture de la section, il y a un siècle que la statistique, qui n'avait été jusque-là que la dernière page de l'histoire d'un ou de plusieurs pays, a commencé, par la juxtaposition et la comparaison de ses faits, à s'élever au rang de science indépendante. Trois générations de statisticiens ont continué à bâtir sur les fondements posés alors, et nous voilà arrivés dans la phase où l'on peut soutenir sans crainte qu'il n'y a pas de statistique scientifique et féconde en dehors de la statistique comparative. » Ces deux parties, en effet, la statistique mathématique et la statistique comparative, doivent en quelque sorte marcher de front, et l'une ne peut s'isoler de l'autre, comme l'ont prouvé suffisamment l'Association britannique et le Congrès international. Ces belles associations, en partant de points diamétralement opposés, sont venues se fondre ensuite toutes les deux vers un centre général dont elles n'auraient jamais dû s'écarter.

Les délégués des gouvernements et les savants se trouvaient dans une position bien différente : ces derniers avaient en vue des propositions *absolues et complètes* dont rien n'autorisait à dévier, tandis que les délégués des nations ne devaient rechercher que les propositions relativement les plus complètes et les plus simples que l'état actuel des choses leur permît d'admettre. Les décisions ne pouvaient être généralement les mêmes pour les gouvernements : il fallait non-seulement connaître les propositions, mais encore savoir quels moyens administratifs y arriveraient par les voies les plus simples; il fallait chercher à vaincre, d'une part, toutes les difficultés d'exécution, et de l'autre tous les préjugés qui existent malheureusement encore chez un peuple que l'on soumet à l'opération du recensement, opération qui n'est rien pour le savant, mais qui présente les plus grandes difficultés pour ceux qui l'exécutent. Ce seul exemple montre combien la statistique pratique diffère essentiellement de la statistique scientifique, et combien on aurait tort de vouloir appliquer à l'une ce qui est sans difficulté pour l'autre. Une assemblée de quatre à cinq cents personnes, connaissant même les principes de la statistique mathématique, aurait donc tort de vouloir imposer à l'homme d'État ses principes absolus; tout comme l'homme d'État, qui n'est statisticien que pour appliquer les principes de la science, aurait tort de détourner les yeux de la science et de ne pas profiter de ses avis.

On concevra, en conséquence, comment il se fait que les délégués des gouvernements, qui ont surtout en vue de faire exécuter les grandes opérations statistiques avec le plus de facilité possible et en usant des procédés les plus uniformes pour permettre les comparaisons, doivent avoir des principes bien arrêtés, bien identiques. Ils sont obligés, de plus, de chercher, en adoptant la marche à suivre dans leurs travaux, à s'écarter le moins possible de la voie scientifique, et savoir écouter les hommes instruits, qui, sans appartenir aux administrations gouvernementales, peuvent cependant leur donner des conseils utiles.

Malheureusement, on perd de vue ces distinctions : bien des personnes venues de différents pays, et qui souvent ne connaissaient pas même le but de l'institution, ont l'air de croire qu'on n'est réuni que pour parler des éléments de statistique scientifique et pour en développer les principes généraux; en sorte que les séances, tout en offrant parfois de l'intérêt, ne sont souvent d'aucune utilité pendant le peu de jours que les délégués des nations ont à passer ensemble.

Ces points devraient être examinés de bien près : c'est là que se trouve le plus grand obstacle à l'avancement de la statistique *administrative*, je parle surtout de celle qui relie les États entre eux : statistique qui est d'une utilité telle que les gouvernements de tous les pays ont voulu s'y associer et que non-seulement l'Europe, mais les pays les plus éclairés en dehors de ses limites, ont désiré prendre part à ses discussions. Je citerai en particulier les États-Unis d'Amérique, auxquels on doit les documents les plus importants, et qui, après nous avoir fait plusieurs fois la demande d'étendre nos congrès en dehors des contrées de l'Europe, ont pris le parti d'en former chez eux.

Bien des personnes, et des savants mêmes, qui viennent assister aux réunions des sciences, quand elles ont lieu dans leur voisinage, semblent ignorer entièrement le but de nos congrès statistiques; ils croient que la science y est traitée de la manière la plus absolue. J'ai entendu dire, par des personnes qui avaient perdu leurs illusions sous ce rapport, *qu'il faudrait alors des congrès libres*, et je le crois entièrement pour le bien de la science et celui des administrations. On verrait plus clairement les choses, si l'on pouvait les juger sous leur véritable point de vue, si l'on rapprochait ce qui est de ce qui devrait être, et si l'on jugeait de l'ensemble des faits par la connaissance de quelques-uns. Cette confusion continuelle de l'*absolu* avec ce qui n'est que *probable* ou même avec ce qui n'est que *possible*, donne lieu aux méprises les plus fâcheuses et aux erreurs les plus graves. On perd de vue que les délégués des nations, après avoir tracé entre eux la marche qu'ils avaient à suivre pour obtenir le plan d'études le plus général et le plus comparable entre leurs différents pays, devraient rechercher, chacun dans l'intérêt même de la science et de son pays, à profiter, dans des séances publiques et générales, des avis des statisticiens et des hommes d'État les plus habiles.

Il est un autre inconvénient, qui peut tenir à la préoccupation des membres ou à l'ignorance peut-être des documents nombreux qu'ont fournis déjà les sessions antérieures des congrès de statistique des différents pays : c'est la répétition des mêmes sujets et souvent en perdant de vue les longues discussions qui ont eu lieu sur ces sujets. Cette répétition sur des points scientifiques, déjà examinés dans d'autres sessions, et déjà résolus d'une manière plus ou moins heureuse, a un côté fâcheux quand on la voit se reproduire comme si ces points étaient entièrement nouveaux, ou comme s'ils avaient été traités déjà avec une insuffisance marquée. Cet inconvénient n'est certainement pas un manque d'égard pour des collègues; elle peut tenir à la précipitation avec laquelle des personnes habiles, sans doute, mais souvent étrangères aux travaux des congrès précédents, doivent faire les programmes.

Ces doubles emplois involontaires devraient, autant que possible, être écartés; ils ont l'inconvénient de faire perdre un temps utile, en revenant sur des difficultés résolues, et ils semblent jeter un blâme sur les réunions précédentes qui auraient assez mal fait leur travail pour qu'on sentît le besoin d'y revenir, sans même avoir à en rappeler le souvenir. Les reprises d'une même question peuvent être nécessaires, sans doute, mais que ce soit en prenant au moins la précaution de retracer ce qui a déjà été tenté par l'association et ce que l'expérience trouve utile d'y reprocher.

Deuxième séance. — L'assemblée générale des huit sections réunies commença ses travaux le lundi 30 septembre : à 2 heures après-midi, M. le ministre des travaux publics ouvrit la séance par un discours remarquable, qui fut accueilli par les applaudissements de toute l'assemblée.

M. de Czœrnig, un de nos vétérans distingués dans les travaux statistiques, répondit par un discours, également en italien, dans lequel il exprima la reconnaissance des étrangers envers le gouvernement et M. le ministre en particulier, pour l'accueil hospitalier et bienveillant qu'ils avaient reçu à Florence :

« Comme délégué, dit-il, je dois ajouter, au nom de mes collègues, combien nous sommes touchés de la prévenante cordialité avec laquelle M. le ministre nous a appelés les bienvenus, dans un pays où l'hospitalité est une antique vertu transmise par les ancêtres de génération en génération. (*Applaudissements.*) M. le ministre ne s'est pas contenté d'ouvrir nos discussions, il nous a de plus tracé la grande tâche qui est assignée à la statistique par l'état actuel de la civilisation des nations. Il a ainsi confirmé la vérité que l'un des plus illustres hommes d'État d'Angleterre, lord Granville, président du conseil intime d'État, à l'occasion de la clôture de la seconde Exposition universelle de Londres, a exprimé le premier; c'est-à-dire que, dans le développement actuel de la civilisation, aucun gouvernement ne saurait accomplir sa mission d'administrateur, ni ne saurait faire prospérer la nation sans l'aide de la statistique et des conseils qui ressortent des faits qu'elle recueille et manifeste.

» Ce doit être, pour nous, une grande satisfaction que d'entendre le ministre d'une des plus importantes nations de l'Europe exprimer la même persuasion qui, nous en faisons les vœux les plus ardents, sera bientôt celle de tous les gouvernements civilisés.

» .... Rendons à Son Excellence, Messieurs, l'honneur d'avoir reconnu exactement ce qu'on peut espérer de la statistique pour le bien-être des peuples et ce qu'une intelligente application de cette science peut avoir d'utile et d'avantageux pour les gouvernements et pour les nations. » (*Applaudissements.*)

M. Farr a exprimé ensuite sa reconnaissance et celle de ses compatriotes.

L'assemblée a fort applaudi cette double allocution.

M. Maurice Block a demandé, en réponse à une observation de M. le président, qu'on voulût bien adopter de préférence la langue française, comme étant plus généralement connue.

Après quelques observations, il est convenu qu'on suivra la marche adoptée précédemment, et que chacun pourra s'exprimer comme il lui conviendra.

Différents membres prennent ensuite la parole pour exprimer leurs regrets sur les pertes que l'assemblée a faites depuis ses dernières réunions : ce sont celles de MM. le chevalier Valentin Pasini de Turin, le Dr Casper de Berlin, C.-W. Asher de Hambourg, le professeur Mittermaier de Heidelberg, De Guerry de Paris, le conseiller Boeckh de Berlin et Dionis P. Marziano de Bucharest.

Troisième séance. — En commençant la séance du mardi 1er octobre, M. le ministre, président du congrès, fait l'annonce suivante : « S. M. le Roi, qui prend un grand intérêt au noble but de nos réunions, a désiré que je me fisse son interprète pour vous souhaiter, de sa part, la bienvenue et vous témoigner sa haute satisfaction de voir le congrès siéger dans la capitale de son royaume. Sa Majesté a également témoigné le désir de recevoir au palais Pitti les délégués officiels des gouvernements étrangers. J'ai l'honneur de les avertir que la réception a été fixée pour jeudi, à onze heures précises.

» M. le ministre de l'intérieur, président du conseil des ministres, aurait été heureux de vous ouvrir ses salons et de vous prouver combien il attache d'importance à notre congrès; mais des circonstances indépendantes de sa volonté n'ayant pas permis de pouvoir tout disposer pour cette réception, il s'est empressé de me faire connaître qu'il s'unira à moi pour vous recevoir de notre mieux au rendez-vous que nous vous donnons au palais du podestat, demain, 2 octobre, à neuf heures du soir [1]. »

« La ville de Mantoue, dit M. le comte Arrivabene, m'a chargé de vous assurer de l'intérêt qu'elle prend à notre réunion. Il est naturel que la patrie de Virgile, de cette haute intelligence, ait à cœur les travaux scientifiques. » Les paroles du noble Mantouan excitent des applaudissements unanimes.

L'assemblée s'occupe ensuite des rapports renfermant les résumés des propositions adoptées dans les sections spéciales.

M. Pareto prend d'abord la parole sur la question des eaux, traitée d'abord dans la commission préparatoire, puis dans la 2me section. D'après la proposition de M. Engel, l'assemblée adopte les conclusions qui lui sont proposées.

M. Allievi, rapporteur de la 5me section, présente un rapport sur le système métrique décimal pour les poids et mesures. « La commission, dit-il, a été portée à faire une séparation de la question en deux parties. Elle a été conduite à cette séparation par le caractère propre de la matière et par cette considération que peut-être, dans la question des poids et mesures, il serait possible de réunir une grande majorité, même l'unanimité des voix du congrès, tandis que sur les autres questions graves de circulation monétaire et fiduciaire le même accord serait plus difficile à obtenir.

» Il est presque inutile de répéter combien un système uniforme des poids et mesures, adopté par toutes les nations, faciliterait l'étude comparative de la statistique internationale, en donnant aussi plus de clarté, de régularité et de cohérence aux relations économiques.... »

M. Wolowski appuie les mêmes conclusions, qui sont mises aux voix par M. le président et adoptées.

L'assemblée met alors à l'ordre du jour la lecture des rapports des délégués des différentes puissances sur les travaux statistiques faits depuis la dernière session. La parole est accordée à M. Engel, à qui, selon la tradition, elle revient de droit comme le digne organisateur de la dernière réunion qui a eu lieu à Berlin.

D'après la même tradition, la parole est ensuite donnée à M. Maëstri, directeur du bureau de statistique du pays où le congrès siége actuellement.

[1] Cette magnifique fête a effectivement eu lieu, dans un des plus beaux palais de Florence.

M. le ministre fait connaître, comme président, qu'on suivra l'ordre alphabétique des pays pour la lecture des rapports. La parole est donc accordée à l'Angleterre : M. Maëstri fait observer que M. Fonblanque, l'un des délégués de l'Angleterre, venant d'arriver à Florence, n'a pas eu le temps encore de s'entendre avec son collègue, M. Farr. « Nous ne pourrons, dit-il, avoir leur rapport que demain. Comme, d'une autre part, le délégué de la république Argentine n'est pas là, c'est le tour de l'Autriche. »

M. le baron de Czœrnig donne connaissance de la statistique officielle de l'Autriche, et le fait avec le talent et la facilité que produit une longue habitude de ce genre de travaux, car M. de Czœrnig est connu, depuis plus de quarante ans, par des écrits statistiques d'un véritable mérite.

La parole est ensuite accordée à M. Mayr pour l'exposé des travaux statistiques de la Bavière.

Ces différentes communications ont été insérées dans le *Compte-rendu des travaux du congrès*.

Quatrième séance. — Conformément à l'annonce faite dans la séance précédente, du 1er octobre, M. Fonblanque a la parole pour la lecture du rapport sur les travaux statistiques du Royaume-Uni. M. Farr donne ensuite communication d'un rapport intéressant sur les travaux statistiques de la population, de l'état civil et de la santé publique en Angleterre.

Un membre fait observer que, malgré tout l'intérêt que peuvent présenter les rapports des délégués étrangers sur les travaux de leur pays respectif, il serait préférable, cependant, d'entendre d'abord les rapports sur les questions discutées dans les différentes sections.

Ces observations étant admises, il est décidé qu'on se bornera à inscrire dans le Compte-rendu du congrès les rapports présentés par les délégués des différentes nations.

Peut-être n'a-t-on pas pris garde qu'on mettait ainsi la réunion hors d'état de juger avec connaissance de cause ce qui se passe dans les différents États que représente le congrès. Il est un peu tardif de communiquer ses observations à ses collègues ou de recevoir leurs conseils, si les remarques qu'on voulait faire ne peuvent parvenir aux délégués que plusieurs mois après qu'ils se sont vus. Les rapports nationaux peuvent être au moins tout aussi utiles que les discours, quelquefois très-savants et très-lumineux, sur certaines questions spéciales qui ne concernent qu'indirectement les congrès. Ceci, du reste, témoigne une fois de plus qu'on perd généralement trop de vue le but de ces réunions de statistique, qui est moins de considérer une question sous toutes ses faces que d'éclairer les gouvernements sur les moyens à prendre pour élucider la statistique internationale et pour obtenir cette unité tant désirée et si profitable à ceux qui doivent en tirer parti. On pourrait, du reste, satisfaire tout le monde, en ne lisant ces rapports que dans la réunion des délégués des nations, quand ils sont réunis et avant de se constituer en assemblée générale. Ces sortes de travaux trouvent, à la vérité, une utilité moins grande et, par suite, n'éveillent qu'une curiosité médiocre, comme on a pu le voir à différentes reprises, tandis qu'ils offrent le plus grand intérêt aux délégués, qui pourraient demander alors des renseignements importants dont ils doivent se passer en public. Rejeter les rapports des différents pays à plusieurs mois au delà de l'époque de la session, c'est ôter tout intérêt à les faire et en rendre la discussion à peu près impossible. Il suffirait d'accorder un jour de plus aux commissaires des gouvernements. On le prendrait sur les huit jours donnés au public, qui n'aurait plus à se plaindre de recevoir forcément ce qui est destiné en général aux commissaires des gouvernements, pour entretenir l'unité et la bonne intelligence du corps.

La parole a été donnée ensuite à M. Lampertico, pour présenter, au nom de la 3me section, son rapport sur la statistique du bétail. « Messieurs, dit le savant membre de la junte organisatrice, en appliquant ces études à la statistique du bétail comme en général à la statistique de tout ce qui se rapporte à l'agriculture, on aborde toutes les questions qui s'y rattachent, questions d'agronomie, d'économie politique et d'autres branches encore. Néanmoins nous ne devons pas nous laisser détourner du but particulier que la statistique se propose, la recherche des faits; il faut, en conséquence, oublier, par exemple, si nous sommes partisans de l'ingérance gouvernementale directe ou indirecte, ou plutôt de l'industrie particulière. Nous ne devons que formuler des demandes et recueillir des faits; nous devons y procéder sans aucune idée préalablement conçue, sans songer si les faits réussiront à confirmer ou à condamner nos opinions.... » Nous citons ces paroles pour montrer avec quel esprit de prudence l'auteur a cru devoir procéder. Cependant ses observations ont trouvé de nombreux contradicteurs; d'autres les ont activement défendues; nous citerons spécialement MM. Carpi, David, Pioda, Rabbini, Leone Levi, etc. L'assemblée les a admises en dernier lieu, en laissant à M. Lampertico le soin d'y faire quelques modifications.

M. Cantoni présente un rapport sur l'organisation des stations météorologiques et sur la formation d'une carte diurne de l'Europe.

A la suite de ce rapport, des observations sont échangées entre M. Trompeo et le rapporteur. M. Trompeo désirerait que les observations fussent dirigées plus particulièrement de manière à venir en aide à l'agriculture et surtout à l'hygiène des hôpitaux. « Dans notre rapport, dit M. Cantoni, nous avons laissé de côté toutes les questions scientifiques. Voulant en résoudre au moins une, nous avons choisi celle qui nous semblait être d'une solution plus facile, c'est-à-dire l'établissement des rapports fraternels entre les grands bureaux de météorologie, pour faciliter leurs relations, et afin de donner aux observations météorologiques générales plus d'autorité et plus d'ordre. » Les conclusions du rapport de la 2me section sont approuvées.

M. Mantegazza présente des communications sur les travaux statistiques de la république Argentine.

M. Balfour, délégué du ministre de la guerre à Londres, donne, de son côté, des renseignements sur les statistiques du département de la guerre en Angleterre; ils sont écoutés avec un vif intérêt.

Cinquième séance. — Dans la séance du jeudi 3 octobre, M. Pareto fait connaître que, pour compléter le rapport lu dans la séance d'hier de la 2me section du congrès, il a été convenu que la 4me section présenterait, à son tour, un travail de ce genre sur la partie complémentaire, dont il donne les conclusions dans les termes suivants :

« Afin d'établir sur une base plus étendue l'étude des relations réciproques qui existent entre les grands phénomènes météorologiques et de physique terrestre.

» Le congrès est d'avis :

» Que le bureau italien de statistique devrait adresser une invitation aux directeurs des bureaux de météorologie des différents États ou des différentes régions de l'Europe, pour qu'ils avisent entre eux aux principes et aux moyens de se communiquer mutuellement les observations d'un certain nombre de points de chaque État, de manière à dresser et à obtenir un travail d'ensemble complet. »

M. Engel pense que cette proposition est superflue. « La statistique doit savoir se borner, dit-il : elle a un champ déjà assez vaste : elle doit laisser aux sciences naturelles leur domaine et ne pas chercher à l'envahir. » M. Wolowski est du même avis.

M. Farr, au contraire, pense que la météorologie ne peut être bannie du terrain de la statistique : « presque tous les facteurs que la statistique embrasse, dit ce savant distingué, se règlent par le froid, la chaleur, les pluies, et si nous n'en prenons pas note, nous laisserons une véritable lacune dans la science que nous cultivons. »

« Cette proposition, ajoute M. le président, n'étant pas contestée, je la déclare approuvée. »

M. Vulturesco présente, au nom de la 4me section, son rapport sur la statistique communale; il entre, à cet effet, dans de nombreux détails.

M. de Baumhauer pense que l'auteur n'a pas distingué suffisamment la statistique municipale de la statistique provinciale.

M. le président fait observer que le travail de M. Vulturesco ne s'applique qu'à la statistique communale et non à la statistique provinciale.

MM. Predieri, Pareto, Correnti, Verga, Piantanida, Maurice Block, Michelini, Leopardi, examinent successivement la valeur des observations présentées. Après une longue discussion, la proposition de la 4me section est approuvée.

M. Castiglioni présente, au nom de la 1re section, son rapport sur la constitution de la statistique officielle. « Cette question, comme le remarque l'auteur et comme le disait M. Engel, a été mise à l'ordre du jour de tous les congrès de statistique, et elle méritera toujours qu'ils s'en occupent, parce que, sans une bonne organisation, il n'est pas possible de faire de la bonne statistique. » Cette opinion est adoptée, de même que la proposition de M. Battaglia d'instituer des commissions provinciales pour recueillir les données statistiques.

M. Engel, au nom de la 1re section, lit, sur la réorganisation du congrès, un rapport auquel M. Farr entend, pour sa part, complétement adhérer. M. Engel appuie, de plus, une proposition de M. Legoyt, ainsi formulée : « La 1re section émet le vœu qu'à l'avenir les résolutions du Congrès de statistique soient notifiées aux gouvernements intéressés par les commissions organisatrices de ces congrès. »

La conclusion du rapport de M. Engel, que nous reproduisons ci-après, est mise aux voix et adoptée :

« Le congrès de Florence déclare que, jusqu'à l'époque où une autre assemblée trouvera nécessaire ou utile de s'en occuper de nouveau, le temps n'est pas encore venu pour modifier les statuts du congrès. »

Sixième séance. — Dans la séance du vendredi 4 octobre, M. Quetelet présente à l'assemblée une publication de statistique générale sur la population des différents États, faite avec M. Heuschling, à titre d'essai et imprimée aux frais du gouvernement belge, en réponse au vœu exprimé par le congrès international de Londres [1]; il ajoute que ce premier essai ayant été favorablement accueilli, il sera repris par la Belgique, à laquelle ont déjà promis de s'associer pour différentes matières plusieurs de nos honorables confrères, tels que MM. Legoyt, Farr, Maëstri, Samuel Brown. D'autres savants, dit-il, voudront peut-être bien s'associer à nos travaux, de manière à former une statistique complète pour l'Europe et les autres pays civilisés.

M. Pascal Duprat lit ensuite, au nom de la 5me section, un rapport remarquable sur la question monétaire : « Faut-il choisir, dit-il, dans les monnaies existantes un type pour y ramener rigoureusement tous les autres? » Ce travail semble réunir tous les suffrages, quand M. Leone Levi demande la parole pour soulever différentes objections. Il s'engage alors une discussion assez animée à laquelle plusieurs membres prennent part. L'assemblée finit par admettre les conclusions du rapport de M. Pascal Duprat.

M. Müller, rapporteur de la 8me section, rend compte de ce qui a été arrêté concernant

[1] Cet ouvrage a pour titre : STATISTIQUE INTERNATIONALE (*population*) *publiée avec la collaboration des statisticiens officiels des différents États de l'Europe et des États-Unis d'Amérique;* par MM. Ad. Quetelet, président, et Xav. Heuschling, secrétaire de la Commission centrale de statistique de Belgique; 1 vol. in-4°. Bruxelles, chez M. Hayez; 1865.

ce qu'il nomme la *question des archives* : il regrette de n'avoir pas eu le temps de réunir les passages de son rapport qui doivent être soumis au vote de l'assemblée.

M. le président invite l'auteur à formuler ses conclusions.

M. Villari donne communication des conclusions que la 8me section l'a chargé de soumettre à l'assemblée sur les académies des beaux-arts, les écoles de dessin industriel, les galeries de tableaux et les conservatoires de musique. Après une discussion assez longue, le questionnaire du rapporteur sur les académies des beaux-arts est admis, de même que le questionnaire sur les écoles de dessin industriel, pour les galeries de tableaux et pour les conservatoires de musique.

M. Bongi donne lecture de son rapport, au nom de la 8me section, sur les bibliothèques, en indiquant les différentes questions qui s'y rattachent; il sera inséré dans le *Compte-rendu des travaux du congrès.*

M. Müller présente ses conclusions sur le matériel des archives; elles seront également comprises dans le même recueil officiel.

M. le président donne la parole à M. Rabbini qui, au nom de la 3me section, présente son rapport sur le revenu net des biens-fonds et sur la statistique du cadastre. Ce rapport sera imprimé dans le Compte-rendu des travaux, de même que celui que lit M. Wolowski, au nom des 3me et 5me sections, sur le crédit foncier.

» Je terminerai en exprimant le regret, dit M. Wolowski, de ce qu'une question non moins importante que celle du crédit foncier, celle du crédit agricole, n'ait pu être abordée. » On émet le vœu que la question du crédit agricole soit réservée pour le prochain congrès.

M. Brioschi, l'un des mathématiciens les plus distingués de l'Italie, président de la 1re section, demande la parole pour une communication qu'il a été prié de faire à l'assemblée. « J'ai l'honneur, dit-il, de soumettre à vos suffrages une proposition que la 1re section a adoptée, sur l'initiative de M. Quetelet [1] :

Considérant l'importance et l'extension des questions statistiques qui trouvent dans les mathématiques leur base scientifique;

Considérant que, chez toutes les nations civilisées, d'illustres géomètres ont fait des applications du calcul des probabilités à ces questions l'objet de leurs études;

L'assemblée émet le vœu :

Que, dans les futurs congrès, il y ait une section spéciale, chargée de s'occuper des questions de statistique en rapport direct avec la théorie des probabilités.

[1] Cette proposition, adoptée déjà dans la séance du 4 octobre, 1re section, avait été également soutenue par MM. Farr, Samuel Brown, William Rey, Legoyt, Predieri, etc.

M. le président met aux voix la résolution proposée par M. Brioschi : elle est adoptée par l'assemblée entière.

Cette résolution unanime met enfin le congrès dans la position de pouvoir, sans contrevenir à son règlement, traiter toutes les questions de son programme, sans devoir négliger celles qui ont le plus d'importance, puisqu'elles concernent les questions fondamentales de l'institution ; elle permet en même temps de les envisager sous le point de vue général où les avaient placées les hommes illustres à qui la statistique doit sa naissance et ses premiers développements.

M. le président fait connaître que MM. de Baumhauer et David, pour régulariser les travaux de l'assemblée, demandent que le congrès émette le vœu que les chefs des bureaux des différentes nations donnent, pour le prochain congrès, un tableau des poids, mesures et monnaies de leurs pays respectifs, avec la réduction en poids, mesures et monnaies usités chez les peuples principaux. Cette proposition est favorablement accueillie par l'assemblée.

M. le président fait connaître que MM. Wirth et Moynier, délégués de la Suisse, ont présenté leur rapport sur les progrès de la statistique dans leur pays depuis la dernière session ; et que, pour ménager les moments du congrès, ils se bornent à le déposer sur le bureau.

Septième séance. — A la séance du samedi 5 octobre, M. Worms, l'un des secrétaires du congrès, fait part de différents travaux et spécialement d'une communication de M. Samuel Brown, sur les progrès d'unification du système métrique des poids et mesures et du système monétaire dans la Grande-Bretagne, depuis le dernier congrès qui a eu lieu à Berlin en 1863.

M. Yvernès, au nom de la 6me section, présente son rapport sur la statistique des causes d'infraction à la loi. Cette communication donne lieu à une discussion à laquelle différents membres prennent part, et spécialement MM. Pascal Duprat, Lockhardt, Messedaglia, Pierantoni, Boldrini. Ce rapport est adopté, avec une addition suggérée par M. Pierantoni et admise sur la proposition de M. Émile Worms.

M. Yvernès dépose sur le bureau deux notices historiques et analytiques, relatives au service de la statistique au ministère de la justice de France : elles seront imprimées et annexées au Compte-rendu des travaux.

Au nom de la 6me section, M. Albert Errera fait, sur la condition des classes misérables, un rapport qui est adopté après quelques observations de MM. Mistrali et Mayr.

La parole est accordée à M. Baroffio, qui, au nom de la 7me section, présente son rapport sur la statistique médicale des armées. Ce travail est adopté, ainsi que la proposition de M. Engel de déclarer qu'on persévérera dans la résolution qui a été prise à Berlin, sur la même question et dans le même sens.

M. Engel, au nom de la 1re section, présente un rapport remarquable sur la statistique légale et sur les dénombrements de population.

MM. Martini et Gennerалli continuent ensuite leurs rapports sur les conclusions de la 8me section et joignent aux deux premiers qui ont été présentés, les rapports sur les bibliothèques et sur les musées, qui sont adoptés sauf quelques légères modifications.

Au nom de la 5me section, M. Max Wirth demande une enquête sur la circulation fiduciaire. Son rapport est adopté.

M. De Luca présente un rapport, au nom de la 1re section, sur l'uniformité du langage statistique. Les conclusions en sont adoptées.

M. Brioschi présente, au nom de la 1re section, un rapport sur la quatrième question du programme : « Lois de mortalité et tables normales pour les *sociétés d'assurance.* » Ce document a été inséré dans le Compte-rendu des travaux du congrès.

Huitième séance. — L'assemblée s'occupe d'abord d'examiner dans quel pays se tiendra le prochain congrès. Après une discussion assez longue, M. Legoyt demande que le soin de désigner le lieu de réunion du prochain congrès soit réglé de la manière suivante :

Le congrès décide que, conformément aux précédents, il entend laisser à la junte organisatrice de la sixième session le choix de la ville qui le verra se réunir de nouveau.

Mais en même temps, il exprime le désir qu'elle veuille bien consulter les délégués officiels sur ce choix et prendre en considération les opinions qui viennent de se produire dans cette assemblée.

Son Excellence M. le ministre de Blasiis prononce ensuite le discours de clôture, qui est accueilli par les plus vives acclamations.

M. Legoyt propose à l'assemblée de voter des remercîments à l'honorable chef du département de l'agriculture, de l'industrie et du commerce pour son concours dévoué. L'assemblée répond par de vifs applaudissements à cet appel.

Des applaudissements non moins chaleureux accueillent les paroles par lesquelles M. Wolowski exprime les remercîments de toute l'assemblée au statisticien modeste et distingué, qui a si dignement organisé la sixième session, M. Maëstri, chef du bureau de statistique de l'Italie.

MM. Engel, Sémenow et Farr se font les interprètes des sentiments de reconnaissance de l'assemblée envers les membres de la junte organisatrice, la ville de Florence et l'Italie, ainsi que les deux vice-précédents qui ont occupé le fauteuil dans plusieurs séances, MM. le baron de Czœrnig et Pioda.

M. le président déclare ensuite la séance levée; et la sixième session du congrès international de statistique a été close (1).

(1) Pour compléter ce que nous venons de dire au sujet du congrès de Florence, il faut rappeler toute la sollicitude dont cette assemblée fut entourée par son digne président M. de Blasiis, ministre de l'agriculture, de l'industrie et du commerce, et par l'intelligent et savant secrétaire du congrès, M. le docteur Pierre Maestri, qui était véritablement l'âme de cette réunion scientifique et dont on regrettera longtemps encore la perte prématurée.

Les délégués des différentes nations se souviendront toujours avec reconnaissance de l'accueil qui leur a été fait par S. M. le roi d'Italie et par la nation tout entière qui voulait, en quelque sorte, rappeler aux savants des autres pays qu'au milieu des longs désastres qu'elle avait éprouvés, elle n'avait point dégénéré des sentiments élevés de ses illustres aïeux.

Les délégués des nations surtout ont rappelé, avec un profond respect, l'expression de leur reconnaissance envers Sa Majesté, qui a bien voulu les assurer des sentiments affectueux que lui inspiraient leurs pays respectifs et les inviter avec courtoisie à venir prendre place à sa table.

LL. Ex. M. Rattazzi, président du conseil des ministres, et M. de Blasiis, ministre de l'agriculture, de l'industrie et du commerce, ont voulu témoigner, à leur tour, l'estime de l'Italie pour les autres nations, en invitant les délégués à une fête magnifique dans un des plus anciens et des plus beaux palais de Florence. Les magistrats de cette noble ville, de leur côté, ont fait aux étrangers un accueil plein de prévenance et les ont conviés à assister, dans la salle du grand théâtre, à une fête musicale digne, sous tous les rapports, de la capitale de l'Italie.

Chaque jour, des fêtes nouvelles étaient offertes par les sociétés et par les hommes les plus distingués de Florence, qui prenaient un vif plaisir à témoigner à leurs frères des autres pays le prix qu'ils attachaient à renouer d'anciennes relations et à recevoir des gages de leurs sentiments d'amitié et d'estime réciproque.

CONGRÈS INTERNATIONAL DE STATISTIQUE

DE LA HAYE (1869).

La première séance de l'avant-congrès international de 1869 commence le 4 septembre, à 10 heures du matin. M. Vissering, vice-président de la commission organisatrice, ouvre la séance par le discours suivant ([1]).

« MESSIEURS,

» Son Excellence M. le ministre de l'intérieur, président de la commission organisatrice, retenu ailleurs par ses occupations ministérielles, m'a chargé de vous présenter ses excuses et d'ouvrir en son nom la réunion de MM. les délégués officiels.

» En m'acquittant de cette mission honorable, je n'ai pas besoin de vous dire que vous êtes les bienvenus, et que les Pays-Bas se glorifient de pouvoir offrir l'hospitalité aux administrateurs intelligents et aux savants accourus de toutes les parties du monde civilisé pour se vouer dans notre paisible pays aux œuvres de la paix, de la science et du bonheur des peuples.

» Vous vous rappelez, Messieurs, les paroles chaleureuses par lesquelles Son Excellence a inauguré hier soir cette réunion préalable, paroles qui recevront bientôt leur sanction publique à l'ouverture solennelle de la septième session du congrès international de statistique.

» Ces séances préalables, qui nous réunissent aujourd'hui, ont acquis par le temps qui court et par la force des choses une importance croissante. En conservant le caractère qu'elles avaient dès le commencement — celui d'une réunion spontanée et amicale, où les habitués du congrès viennent se rencontrer, se serrer la main et échanger des salutations cordiales,

([1]) Dans la soirée du 3 septembre, une réunion des membres déjà arrivés à La Haye avait eu lieu.

où l'on est heureux de revoir les anciens amis et de nouer des liens nouveaux, — en conservant ce caractère amical, cette réunion a en même temps acquis une portée dont personne ne contestera l'utilité. C'est ici que plus d'une question importante, mais ne ressortissant point à l'assemblée générale, devra trouver sa solution. Et si la proposition de l'honorable délégué du Danemark, M. David, que nous a léguée le congrès de Florence, et qui sera mise aujourd'hui à l'ordre du jour, peut obtenir vos suffrages, cette assemblée d'élite, de ceux pour qui le congrès est avant tout une affaire sérieuse, aura réalisé le caractère que déjà à Florence lui attribua l'honorable M. Quetelet, en disant : « Je crois qu'on perd trop de vue les véritables attributions de cette réunion. On semble la regarder comme une simple séance préparatoire, accessoire des séances publiques et générales; ce sont, au contraire, les séances publiques et générales qui sont l'accessoire de notre réunion présente. Ici se trouvent tous les représentants officiels des nations, s'entendant sur un travail commun; en assemblée générale, il n'y a, avec les représentants, que des personnes qui les aident de leurs lumières et de leurs conseils. » Toutefois, n'oublions point que ce sont toujours les travaux de détail, qui se font maintenant dans les sections, que nous aurons à considérer comme le véritable but de notre congrès. »

Après de nombreux applaudissements, M. Vissering propose à l'assemblée de constituer son bureau pour les séances de l'*avant-congrès*, et d'appeler à la présidence MM. Quetelet et David : ces nominations sont faites par acclamation. M. Vissering propose, en second lieu, de nommer vice-présidents MM. Wolowski, Farr, Engel, Maestri, Legoyt, Sémenow, Ficker et Ruggles (États-Unis); sur la proposition de M. Wolowski, on ajoute à ces noms ceux de MM. Vissering et von Baumhauer.

Une seconde séance a lieu le même jour, à 2 heures et demie, pour régler quelques questions d'ordre intérieur.

L'assemblée s'occupe d'abord de différentes propositions qui ont pour objet la marche de ses conférences. MM. David et Quetelet appellent ensuite l'attention sur une proposition qu'ils ont faite au dernier congrès, et qui a été rappelée dans le programme du congrès actuel, pour que « les chefs des bureaux de statistique des différents pays donnent, pour le prochain congrès, un tableau de leurs poids, mesures et monnaies, avec leur réduction aux poids, mesures et monnaies usités chez les principaux peuples. » Ils déposent différentes demandes à cet égard.

Le 6 septembre 1869, à 10 heures du matin, les membres du congrès se réunissent dans la grand'salle des chevaliers de St-Jacques. Un grand nombre de dames assistent à la séance : le bureau provisoire se compose des membres de la commission organisatrice. La séance est ouverte, à 10 heures, par un discours de M. Fock, ministre de l'intérieur. « .... Vous me permettrez, dit Son Excellence, de vous donner une courte esquisse de l'intérêt que mon pays a porté de tout temps aux recherches et aux travaux statistiques. Les premières données statistiques, qui datent des quinzième et seizième siècles, se rattachent à un intérêt financier. Ce sont les informations sur les ressources et la population de la Hollande et de la Frise occidentale, ayant pour but de régler les contributions par capitation, dont la principale, celle de 1514, a été publiée par la Société de littérature néerlandaise à Leyde. Aux tontines et aux rentes viagères se rattachent les noms du pensionnaire d'État Jean de Witt et de Karsseboom; ce dernier a construit des tables de survie et de mortalité, sur lesquelles la science aime encore à s'appuyer. » L'honorable ministre termine par un aperçu intéressant de l'état de la statistique dans les provinces hollandaises, qui excite l'attention de l'assemblée et provoque de nombreux applaudissements.

Il est annoncé ensuite que S. M. la Reine a fait connaître qu'Elle espérait pouvoir assister à une ou à plusieurs séances du congrès. De vifs applaudissements accueillent cette communication.

L'assemblée ordonne le dépôt sur le bureau de plusieurs rapports qui lui ont été faits, et spécialement sur les travaux des commissions et des bureaux de statistique de divers pays, savoir : de M. Hardeck, de Bade; de M. David, du Danemark; de MM. Balaguer et de Tejeda, de l'Espagne; de M. Becker, d'Oldenbourg; de M. Berg, de la Suède.

M. von Baumhauer (Pays-Bas) fait l'éloge des travaux de deux savants américains et d'un savant français qui ont exprimé leurs regrets de ne pouvoir assister aux séances du congrès. Ce sont MM. Kennedy, chef du bureau américain des recensements, William Barnes (Albany, surintendant du département d'assurances pour les États-Unis, et le docteur Bertillon, de Paris.

M. Quetelet appelle l'attention du congrès sur les récents travaux concernant le développement physique de l'homme qui se sont exécutés en Amérique, travaux dont il a donné l'exemple depuis longtemps.

M. Visscring, vice-président, informe l'assemblée que MM. les délégués officiels seront reçus à 1 heure par S. M. le Roi au Palais du Noordeinde et ensuite par S. M. la Reine au château du Bois. Demain à 1 heure, ils seront reçus par S. A. R. le prince d'Orange.

« Nous avons maintenant, dit M. Vissering, à rendre hommage à la mémoire des membres qui ont assisté aux sessions précédentes du congrès et que la mort nous a ravis. Je prie MM. les délégués officiels de rappeler au congrès les noms des hommes illustres dont ils ont à déplorer la perte. »

Un dernier hommage est rendu à M. Ch. baron de Hock, par M. Ficker; à M. De Hermann, par M. Mayr; à M. Ed. Ducpetiaux, par M. Visschers; à M. Schubert, par M. Engel; M. Cherbuliez, par M. Max Wirth; à M. Moreau de Jonnès, par M. Heuschling; etc.

TRAVAUX DES SECTIONS.

Lundi, 6 septembre.

1re *section.* — M. von Baumhauer, avant de déposer son mandat de président provisoire, propose à la section de voter des remerciments au président honoraire du congrès, M. Quetelet, pour avoir dédié son dernier ouvrage sur la Physique sociale au congrès de statistique : « M. Quetelet dit-il, recevez ma main et considérez cette main comme vous » étant donnée par tous les membres du congrès. Vous avez bien mérité du corps savant » (*vifs applaudissements*). Je suis certain, Messieurs, que vous serez unanimes pour » nommer M. Quetelet président honoraire de la section (*acclamations*). »

M. Legoyt (France) propose de conférer la présidence à M. von Baumhauer, qui a bien mérité du congrès pour la part active qu'il a prise à son organisation, et la vice-présidence d'honneur à tous les délégués des gouvernements qui sont présents.

Cette proposition est adoptée par acclamation.

M. von Baumhauer remercie l'assemblée et promet de faire ses efforts pour répondre à la confiance qu'elle veut bien lui témoigner.

Sont ensuite nommés secrétaires : MM. Bourdin, Brown, Mayr, Petermann et Bodio.

2me *section.* — La 2me section a tenu sa première séance sous la présidence de M. Jolles, conseiller à la haute cour des Pays-Bas. L'honorable président a commencé par souhaiter la bienvenue aux membres du congrès; il a invité ensuite l'assemblée à nommer son bureau définitif. Sur la proposition de M. Worms, M. Jolles a été nommé par acclamation président. Les fonctions de vice-présidents ont été conférées à M. Visschers, délégué de Belgique, et à M. Van Geuns, avocat à La Haye. Le choix des rapporteurs est ajourné.

La section fixe ensuite son ordre du jour et décide de s'occuper en premier lieu de l'assistance judiciaire.

3me *section.* — La première séance de la 3me section a été ouverte par M. le conseiller d'État Bachiene, vice-président de la section provisoire de la commission organisatrice du congrès. M. Bachiene a proposé de procéder immédiatement à la nomination d'un président. Heureux de voir l'honorable M. Wolowski parmi les membres de la section, il propose de le nommer par acclamation. La proposition adoptée, M. Wolowski accepte la présidence.

M. le président propose de nommer vice-président M. Bachiene. Cette proposition est adoptée.

Les mêmes fonctions sont confiées à M. Vrolik, ancien ministre des finances des Pays-Bas.

Sur la proposition de M. Bachiene, M. Baert, membre de la section provisoire de la commission organisatrice, est nommé secrétaire de la section

M le président appelle l'attention de l'assemblée sur les diverses matières indiquées dans le programme et propose d'inviter M. Mayr, qui a fait insérer une note sur la question cadastrale dans ce programme, à être présent à la séance, quand cette question sera à l'ordre du jour. Il propose de l'entamer dès aujourd'hui et de la continuer demain.

M. Pascal Duprat demande de distinguer entre les questions nouvelles. — Le président admet cette idée en donnant toutefois la priorité à la statistique cadastrale.

M. Bachiene rappelle que la discussion de cette question a été entamée au congrès de Florence et pourra être terminée ici. Il développe les motifs des conclusions présentées. MM. W. Newmarck, Wolowski et de Buschen prennent part aux débats. M. le président donne lecture des observations de M. Rabbini, d'Italie, contenues dans un Mémoire présenté par M. Maestri.

M. Max Wirth prie les délégués anglais et américains de faire connaître comment on évalue, dans leur pays, les terres et les bâtiments.

MM. Newmarck et Ruggles satisfont à cette demande.

La discussion est ajournée au lendemain.

4me *section.* — M. le docteur Van Beeck-Vollenhoven, président du bureau provisoire de la 4me section, ouvre la séance. Après avoir souhaité la bienvenue à tous les membres, il invite la section à constituer son bureau. Il propose de nommer président M. Maurice Block, représentant de la ville de Paris.

Cette proposition est adoptée par acclamation.

MM. J. Versmann (Hambourg), L. Bodio (Italie) et W. Weschniakow (Russie) sont proclamés vice-présidents.

MM. Buys (Hollande) et Pistorius (Hollande) sont désignés comme rapporteurs.

M. Block remercie pour la marque de confiance qu'on vient de lui donner en l'appelant à la présidence. Il consulte la section sur le point de savoir si elle abordera immédiatement la discussion des questions qui lui sont soumises.

M. Van Beck-Vollenhoven propose de remettre la discussion à la séance prochaine.

Cette proposition est adoptée.

5me *section.* — La séance est ouverte par M. Veth, en l'absence de M. Sloet van de Beele, président du bureau provisoire.

Sur sa proposition, l'assemblée appelle aux fonctions de président, de vice-présidents et de secrétaire du bureau définitif, MM. Thurlow, le général Van Swieten, Dumontier et Boudewijnse.

L'assemblée ratifie également la proposition de confier à M. Van Soest les fonctions de rapporteur.

M. Thurlow, ayant pris place au fauteuil de la présidence, propose de nommer encore, comme vice-président, M. Veth. (*Assentiment.*)

La section décide, à la demande de M. Van Soest, qu'elle s'occupera demain de la première question de son programme, l'étude des moyens statistiques employés chez les peuples hindous et musulmans. Il est toutefois entendu que la plus grande liberté sera laissée aux membres de la section, pour les communications étrangères au programme qu'ils voudraient faire.

Mardi, 2 septembre. — Séances du matin.

1re *section.* — M. Maëstri (Italie) présente à la section : 1° au nom de M. Quintin Sella, des études sur la distribution des conceptions et des décès pendant la période actuelle en Italie et en Europe, en rapport avec l'influence de la température; 2° un travail graphique de M. Sormani, qui tend à établir que le maximum de la mortalité correspond toujours au minimum des conceptions.

M. Visscring appelle l'attention de la section sur les *éphémérides météorologiques* du célèbre naturaliste Musschenbrock, qui a trouvé moyen de rassembler, à l'aide de signes graphiques, dans une seule page, tous les détails sur la météorologie d'une année entière.

La discussion est ouverte sur la première question du programme : *Limites de la statistique.*

Cette question a été examinée dans un mémoire inséré au programme par M Visscring, qui déclare qu'il n'a pas eu l'intention de résoudre la question, mais d'appeler sur elle l'attention de l'assemblée.

M. Heuschling présente des observations tendant à prouver : 1° que la séparation de la statistique en deux écoles n'est pas repoussée par tous les statisticiens belges; 2° que cette séparation est, au contraire, éminemment utile et par cela même nécessaire.

M. Quetelet est d'avis qu'on ne peut pas établir de divisions dans une science qui n'existe pas encore.

M. Wolterbeek (Hollande) voudrait qu'en matière statistique on s'appliquât à la pratique et non à la théorie, qu'on recommandât aux gouvernements le choix des hommes chargés de la statistique et que, pour donner plus d'expérience à ces hommes, on fît un échange d'employés entre les divers gouvernements.

M. Engel (Prusse) croit qu'il est impossible de définir la statistique; il déclare qu'*il a déjà trouvé, dans les auteurs, 180 définitions différentes de la statistique.*

La statistique, élevée à son plus haut point, est la physique des communautés humaines; mais, comme ces communautés varient, les définitions de la statistique doivent varier selon le point de vue où l'on se place.

L'orateur croit que l'on discuterait longtemps sur cette première question sans arriver à un résultat pratique, et c'est pourquoi il fait la proposition suivante :

« La 1re section, tout en exprimant la plus grande reconnaissance à M. Vissering pour son travail, remarquable par sa lucidité et son érudition, sur l'objet et les limites de la statistique, exprime l'opinion que ni l'un ni l'autre de ces points ne se prêtent à une discussion ou à des votes par une assemblée quelconque. L'objet et les limites de la statistique, même la position de cette science vis-à-vis des autres sciences, doivent être abandonnés à l'investigation de tous ceux qui s'en occupent. »

Cette proposition, appuyée par MM. Legoyt (France), Farr (Angleterre), Sémenow (Russie), et à laquelle se rallie M. Vissering, est adoptée.

M. Engel est nommé rapporteur.

Le second objet du programme concerne la *méthodologie de la statistique.* Cette question a été examinée par M. von Baumhauer, qui propose la résolution suivante :

« Le congrès, tout en désapprouvant les renseignements demandés à un moment donné sans but scientifique, est d'avis :

» 1° que les renseignements et les documents statistiques servent tant à la science qu'à l'administration;

» 2° que les gouvernements doivent être invités, lors de la confection de modèles ou de tableaux statistiques, à prendre en sérieuse considération, tant l'intérêt et les besoins de l'administration, que ceux de la science. »

Après une discussion à laquelle prennent part MM. Heuschling, Sémenow, Vissering, Farr, von Baumhauer, Hunfalvi et David, la proposition de M. von Baumhauer, réduite seulement au 2°, est adoptée.

La section, après discussion, admet encore deux propositions : l'une de M. Legoyt, ainsi conçue :

« Il est à désirer que dans les pays où il n'existe pas de commission centrale ou de bureau central de statistique, les enquêtes sur les mêmes matières soient toujours faites par le bureau de statistique, avec le concours des bureaux administratifs intéressés. »

L'autre, de M. Sémenow, énoncée comme suit :

« Il est désirable qu'aucun recensement ou enquête périodique ne se fasse dans un pays qui a une commission centrale de statistique, sans que celle-ci ne soit consultée sur les modèles et tableaux statistiques exigés ou décidés par les gouvernements. »

2me *section.* — M. Jolles, président, entre dans quelques considérations sur un rapport qu'il a présenté relativement à l'assistance judiciaire gratuite, principalement en ce qui concerne la Hollande. « N'oublions pas, dit-il, que la statistique est un excellent moyen de surveiller la marche de la justice et de faire connaître les imperfections de la législation. La statistique a pour but de former des cadres et des tableaux, de manière qu'on puisse arriver à des conclusions. »

M. Visschers loue le travail de M. le président Jolles.

M. Yvernès s'associe à cet éloge. Il entre ensuite dans d'intéressants détails sur la législation française qui règle l'assistance judiciaire gratuite.

Après une discussion assez longue sur une proposition formulée par M. Visschers, M. Yvernès est nommé rapporteur.

3me *section.* — MM. de Gruyter et Castiglione font parvenir au bureau des mémoires sur l'organisation du cadastre dans différents pays.

M. Sodeman présente quelques considérations sur l'organisation du cadastre en Danemark et fait connaître que la base de ce cadastre est la composition chimique de la terre.

M. Mayr fait connaître la manière dont le cadastre est établi en Bavière, et il indique la triangulation comme ayant servi de base à son organisation. La dépense occasionnée par cette opération peut être évaluée, d'après lui, à 25 millions de florins.

M. de Buschen déclare ne pas avoir eu le temps nécessaire pour rechercher les modifications à apporter aux modèles annexés au rapport de M. Bachiene.

Après quelques observations, il est décidé que MM. de Buschen, Bachiene et J. Jonesco se concerteront pour arriver à la solution de la question.

4me *section.* — Il est procédé à la nomination d'un secrétaire. M. Van Stolk (Hollande) est désigné pour remplir ces fonctions.

M. Black, président, soumet à la section la question de savoir si elle entamera directement la discussion relative au commerce.

Cette question est résolue affirmativement. MM. Wirth (Suisse) et Maëstri (Italie) font, au nom de leurs gouvernements respectifs, la proposition de saisir le congrès de statistique de la nécessité d'arriver à une convention internationale ayant pour but une nomenclature uniforme pour les tarifs de marchandises.

M. Maëstri propose encore de compléter cette proposition en étendant l'unification aux tarifs des chemins de fer.

M. Wirth signale les inconvénients du système actuel; il démontre l'impossibilité de dresser une statistique exacte de certains objets, à cause des noms génériques sous lesquels ils sont classés dans les tarifs de certains pays.

La discussion s'engage au sujet des modes de contrôle des déclarations de douane en usage dans les différents États de l'Europe.

M. Maëstri propose l'amendement suivant :

« Sans donner de préférence à aucun des moyens de contrôle actuellement employés, la section insiste pour que les intérêts de la statistique et du commerce extérieur soient sauvegardés par des mesures quelconques, même en ce qui concerne les articles exportés en franchise. »

M. Pistorius rédigera un amendement dans ce sens et il le présentera à la prochaine séance.

La discussion est close sur ce point.

5me *section*. — M. Van Hoogendorp propose d'appeler à l'honneur de la vice-présidence M. G. L. Baud, ancien ministre des colonies, non-seulement pour rendre hommage à son mérite, mais aussi pour attester l'intention bien formelle de l'assemblée d'exclure, de ses délibérations, tout esprit de parti. — Cette proposition est adoptée.

La section aborde la première question du programme, ainsi conçue :

« L'étude des moyens statistiques employés chez les peuples hindous et musulmans n'est pas indifférente, attendu qu'elle tend à éclairer leurs sentiments et leurs préjugés religieux qu'il est important de connaître et de ménager pour assurer le succès des dénombrements et des levées statistiques ordonnées par les gouvernements. »

M. le président communique à l'assemblée un travail très-intéressant du Mooldie Abdool Sutief Khan Bahadoor, sur les avantages d'un recensement périodique dans tous les pays transocéaniques.

Répondant à une demande de lord Houghthon, M. Veth constate qu'un grand progrès s'est manifesté dans l'administration des Indes depuis qu'elle a passé des mains privées dans celles du gouvernement.

MM. Veth, Quarles et Van Soest donnent des explications sur la nature des opérations qui se poursuivent dans l'île de Java et que l'on qualifie à tort de levées cadastrales.

M. Joostens est d'avis que le grand obstacle à l'exécution de recensements exacts provient de ce que, partout où on les fait, ils sont généralement suivis d'une aggravation de charges pour les populations. Il propose à la section de porter devant l'assemblée générale le vœu suivant :

« Le congrès exprime le vœu que le programme de la prochaine session contienne un projet de solution des questions suivantes :

1° Quel a été le nombre des procès au sujet de la propriété foncière aux Indes anglaises avant et après la promulgation des lois agraires récentes et quels différends se sont élevés à Java sous ce rapport ; 2° quelles sont les causes de cet état de choses ; 3° quels sont les moyens d'y porter remède ? »

Après une discussion à laquelle prennent successivement part MM. Quarles, Veth, Joostens, lord Houghthon, Van Dedem, la proposition de M. Joostens est mise aux voix et adoptée.

La section passe à la seconde proposition : « Dans l'intérêt de la science statistique, au moins en ce qui concerne la statistique coloniale, il serait désirable de déterminer quelques degrés de connaissance acquises, de circonscrire avec précision la limite de chacun de ces degrés, d'éviter l'addition de chiffres de degrés différents de certitude et d'accompagner toute communication statistique de la mention du degré de certitude ou de probabilité auquel elle appartient. »

M. Van Soest fait part à l'assemblée de communications que la section a reçues sur cette question.

M. le président et M. Veth insistent sur l'importance extrême de la deuxième question : il est utile au plus haut point de déterminer, aussi exactement que possible, le degré de certitude de chaque catégorie de données statistiques, afin de ne point s'exposer à en tirer des inductions erronées. Plusieurs membres, tout en partageant cette opinion, émettent cependant des doutes sur la possibilité de tracer des limites exactes entre les différents degrés de certitude.

La discussion est close sur la deuxième question.

L'assemblée, sur la proposition de M. Van Swieten, appelle M. Simmonds aux fonctions de secrétaire.

Mardi, 7 septembre. — Séances de l'après-midi.

1re *section.* — La section continue l'examen de la seconde question du programme et des propositions faites dans le mémoire de M. von Baumhauer.

La proposition dont elle s'occupe d'abord est ainsi formulée :

« Le congrès, vu les délibérations dans les précédentes sessions sur quelques sujets scientifiques qu'il ne croit pas rentrer dans son domaine et dans le but de son institution, est d'avis qu'il serait préférable de n'admettre dorénavant dans les programmes que des questions en rapport direct avec la physiologie de l'homme et de la société. »

Après une discussion à laquelle prennent part MM. Engel, Sémenow, Quetelet et Mayr, la section, croyant qu'il n'y a pas lieu de limiter le programme des futurs congrès et qu'il faut laisser aux commissions organisatrices le soin d'examiner s'il est utile de tenir compte du vœu émis par M. von Baumhauer, décide qu'elle ne votera pas sur la proposition.

La résolution à examiner ensuite est ainsi formulée :

« Le congrès, considérant que, par la constitution des faits, par l'exactitude et la perfection des renseignements statistiques, le travail préparatoire des employés subalternes de l'administration est de la plus haute importance, est d'avis qu'il importe surtout aux gouvernements de s'assurer de la capacité et du zèle de ces employés et d'aviser aux moyens d'établir un lien direct et continu entre ces employés et le bureau central de statistique, dont il est urgent qu'ils reçoivent les instructions et les tableaux ou modèles dans toutes les matières qui concernent les données statistiques. »

Après quelques propositions de MM. Sémenow, Heuschling et Bourdin, la rédaction sera la suivante :

« L'introduction de l'enseignement pratique dans les écoles de tous les degrés est très-désirable. »

M. Berg (Suède) demande que le congrès émette le vœu que, pour les pays où l'on parle une langue qui ne s'emploie pas habituellement, on traduise les entêtes des colonnes en une langue généralement répandue.

M. Legoyt (France) demande que la section émette le même vœu pour les introductions qui précèdent ordinairement les publications statistiques.

Ces diverses propositions sont adoptées.

La section adopte encore les propositions suivantes formulées dans le travail de M. von Baumhauer :

« Le congrès, considérant la grande influence des rapports sur les déductions des résultats, fixe l'attention sur la haute importance de l'exactitude et de l'identité des rapports.

» Le congrès exprime le vœu que, dans tout acte de naissance, l'âge des parents soit énoncé et qu'on recueille ces données dans des tableaux mensuels par âge, en distinguant les femmes mariées des filles-mères.

» Dans toutes les recherches statistiques, il importe de connaître tant le nombre d'observations que la qualité ou la nature des faits observés.

» Dans une série de grands nombres, la valeur qualitative se mesure par le calcul des écarts de ces nombres, tant entre eux que du nombre moyen déduit de la série. »

2me *section*. — La discussion sur l'assistance judiciaire gratuite est reprise.

M. Van Eck ne veut pas que les établissements charitables soient exemptés de faire la preuve de leur indigence. Il parle ensuite des délais.

M. Rollin Jacquemyns résume les observations qu'il a présentées dans la séance de ce matin sur l'assistance judiciaire gratuite.

Après quelques explications, il est décidé que M. le rapporteur s'entendra avec M. Rollin pour se mettre d'accord sur les remarques échangées.

M. Van Hugenpoth examine longuement la question de la mainmorte, second objet à l'ordre du jour. Il fait la guerre à la mainmorte, sous certains rapports, quand elle protége des institutions qui ne sont pas de notre siècle. La mainmorte doit être protégée par les besoins de la société. Il faudrait faire la statistique des possessions mobilières et immobilières. Une bonne statistique peut être faite avec les secours des gouvernements. M. Van Hugenpoth expose les mesures à prendre pour assurer la parfaite exécution de cette statistique.

M. Rollin Jacquemyns ne partage pas entièrement l'avis de M. Van Hugenpoth.

L'État crée des personnes civiles; il a le droit de poser des bornes à cette création. La mainmorte doit être restreinte par les besoins des populations vivantes. Faire une statistique de tous les biens de mainmorte, c'est vouloir une chose impossible. Il faudrait établir une statistique des procès qui démontrent l'existence des mainmortes fictives.

3me *section.* — La section continue la discussion de la question relative au revenu annuel de la nation.

M. Van Stolk pense qu'on pourrait arriver à l'évaluation approximative du revenu général de la nation, en recherchant la somme des dépenses.

M. Schreyer rappelle que le rapporteur de cette question ne se dissimule pas qu'on ne peut espérer arriver à une solution exacte. On ne doit pas, dit-il, perdre de vue que le but poursuivi par le congrès est un but international et qu'on doit, par conséquent, chercher à rendre comparables entre elles les statistiques des divers pays.

Après de nombreuses observations échangées, M. le président propose d'inviter les membres à venir demain donner des renseignements sur les questions débattues aujourd'hui par la section et qu'eux-mêmes ont approfondies.

Cette proposition est adoptée.

M. Bachiene informe la section que M. Kemper, empêché de prendre part aux travaux du congrès, désirerait voir maintenir au programme de la prochaine session la question relative à la statistique des impôts.

M. de Buschen voudrait que la commission organisatrice insistât auprès des divers gouvernements pour obtenir des données exactes sur les impôts, sur les spiritueux et sur le tabac. Il désirerait aussi connaître, par *localité* et par *nationalité,* la consommation des boissons fortes.

4me *section.* — M. Pistorius communique à la section le texte de plusieurs propositions arrêtées d'un commun accord avec les membres ayant pris part à la discussion dans la séance précédente.

Une nouvelle discussion s'engage à ce sujet, et s'étend parfois à des résultats trop particuliers pour la nature de la séance.

M. Maëstri présente la proposition suivante, qui est adoptée à l'unanimité :

« Des défauts analogues à ceux que présentent les tableaux de la statistique douanière se rencontrent dans les tableaux statistiques sur le mouvement des marchandises, publiés par les administrations des chemins de fer. Ces tableaux laissent également à désirer sous le rapport de l'uniformité de la classification et de la nomenclature. La section propose que cette question soit mise à l'étude pour le prochain congrès. »

5me *section.* — La discussion est ouverte sur la 3me question :

« Les bonnes levées statistiques dans les possessions coloniales ne sont possibles que sous la direction d'Européens choisis et avec le concours d'un personnel indigène suffisamment rétribué et honoré. — Les gouvernements coloniaux ont le plus grand intérêt à se montrer généreux sous ce rapport, parce que le personnel statistique devient forcément un auxiliaire intelligent de leur administration. »

M. Veth développe cette proposition. Il reconnait qu'il y a des hommes intelligents dans les colonies et particulièrement à Java; mais il n'y en a pas assez pour mener à bonne fin de pareils travaux.

M. le président cite des exemples de travaux statistiques parfaitement accomplis par des indigènes.

M. Van Dedem propose de remplacer le mot *Européens* par le mot *hommes*, pour ne pas froisser l'amour-propre des indigènes des colonies.

Une discussion s'engage entre MM. Simmonds, Thurlow, Veth, Van Swieten et Van Soest sur les distinctions honorifiques qu'on recommande d'accorder aux statisticiens indigènes.

Mercredi, 8 septembre. — Séances du matin.

1re *section.* — M. Mayr, comme complément des dispositions adoptées hier quant à la deuxième question, fait la proposition suivante :

« Le congrès est d'avis qu'il est désirable de calculer non-seulement des *moyennes*, mais en même temps des *nombres d'oscillations* pour faire connaître la déviation moyenne des nombres d'une série de la moyenne de cette série même. »

Cette proposition est adoptée.

Deux propositions déposées sur le bureau, l'une par M. Chadwick, l'autre par M. Barbantini, seront examinées par M. Engel et par M. Maestri, qui feront rapport sur le point de savoir s'il y a lieu d'en faire l'objet d'une discussion.

La section aborde le troisième point soumis à son examen : *la méthode graphique.*

M. Obreen, qui a fait un travail préparatoire sur ce sujet, répète que, selon lui, la question n'est pas encore suffisamment mûrie; que tout ce qu'il a voulu, c'est provoquer des explications de ceux qui s'occupent de cette méthode. Cependant, convaincu de l'utilité de son emploi, il fait la proposition suivante :

« Le congrès, considérant que la méthode graphique est très-propre à l'enseignement et à la vulgarisation des sciences statistiques, émet le vœu que les principaux documents statistiques officiels soient accompagnés de cartes et de diagrammes. »

Après des observations intéressantes présentées par MM. Mayr, Engel, Janssens, Quetelet et Sémenow, la proposition de M. Obreen est adoptée.

La section adopte aussi une proposition que développe M. Engel et qui est conçue ainsi qu'il suit :

« Le congrès exprime le vœu que la commission organisatrice du prochain congrès veuille bien préparer un mémoire sur les différentes méthodes graphiques employées dans la statistique et sur les moyens propres à rendre les tableaux uniformes et comparables entre eux. »

La quatrième question soumise à la section est celle *des mort-nés dans ses rapports avec le mouvement de la population.*

M. Legoyt demande que les représentants des divers pays veuillent bien faire connaître quelle est, chez eux, la législation quant à la constatation des mort-nés.

M. David donne ces renseignements pour le Danemark, M. Hunfalvi pour l'Autriche et la Hongrie, M. Hardeck pour le grand-duché de Bade, M. Mayr pour la Bavière, et M. Janssens pour la Belgique.

2me *section.* — M. le président annonce que M. Sloet van den Beele a offert une carte indiquant les prix moyens des céréales au marché d'Arnheim ; que M. Keleti a donné une statistique officielle de la Hongrie, et que M. Asser a fait hommage d'un ouvrage de sa composition.

La discussion est reprise sur la mainmorte.

M. Van Hugenpoth donne quelques éclaircissements sur le discours qu'il a prononcé hier à propos de la mainmorte.

3me *section.* — La discussion de la question relative au revenu national est reprise.

M. Wolowski, résumant la discussion antérieure, indique les deux systèmes mis en avant pour l'appréciation du revenu national :

1° Le système *individuel,* qui consiste à regarder le revenu national comme la somme des revenus des particuliers. Ce système semble être le plus simple et conduire le plus droit au but, mais il lui manque une base qui soit à l'abri des méprises et des mécomptes. La *déclaration personnelle* ne saurait suffire et le *contrôle* dégénérerait facilement en une inquisition intolérable.

2° Le *système réel,* qui, au lieu de s'adresser aux sommes, interroge et contrôle les choses.

Ces questions intéressantes semblent se rattacher plus à l'économie politique qu'à la statistique.

4me *section.* — L'ordre du jour appelle la discussion de la seconde question soumise aux délibérations de la section : Pêche.

M. Van Beeck-Vollenhoven annonce qu'ayant pris connaissance de la brochure qui a été distribuée par M. Weschniakow, il a pu constater que l'opinion émise dans le rapport du bureau provisoire, à savoir qu'il ne serait pas possible d'obtenir des données, des bases uniformes sur la pêche fluviale, n'était pas entièrement exacte. Les renseignements consignés dans le travail qui a été distribué par M. Weschniakow le démontrent. Il propose que M. Weschniakow soit invité à donner des renseignements sur la pêche en Russie.

M. Weschniakow demande s'il ne conviendrait pas d'ajouter au programme de la section la pêche fluviale à la suite de la pêche maritime. Il donne de longs détails sur la pêche en Russie et sur les moyens qui ont été employés pour recueillir les données statistiques qui ont été publiées.

M. Pollen (Hollande) est d'avis qu'il serait facile d'obtenir des renseignements statistiques sur la pêche dans les fleuves qui parcourent plusieurs contrées, et notamment le Rhin et le Danube. Il pense que les encouragements donnés par les divers gouvernements seraient d'un puissant secours pour obtenir des données statistiques complètes et qu'il faudrait faire comprendre aux pêcheurs qui doivent fournir les premiers renseignements, qu'ils ne leur sont demandés que dans un intérêt économique et non pas dans le but de frapper la pêche de nouveaux impôts.

M. Maas serait heureux de voir que l'on pût publier les relevés statistiques de la pêche, mais il craint qu'on ne parvienne pas à faire comprendre aux pêcheurs l'intérêt de ce genre de publication.

M. Weschniakow reconnait les nombreuses difficultés qui se présentent pour obtenir des renseignements précis sur le produit de la pêche, et c'est précisément à raison de ces difficultés, dit-il, que l'on s'adresse au congrès, qui réunit des hommes spéciaux de tous les pays et à l'aide desquels il est à espérer qu'on parviendra à surmonter les difficultés. Il invoque comme précédent la statistique agricole, qui présentait aussi de nombreux inconvénients pour les cultivateurs; et cependant elle se fait aujourd'hui dans presque tous les pays.

M. Van Beeck-Vollenhoven, répondant aux orateurs qui l'ont précédé, pense que pour arriver à une statistique sérieuse, il faudrait se borner aux renseignements relatifs aux poissons migrateurs que l'on ne pourrait classer ni dans la pêche maritime, ni dans la pêche fluviale, attendu que ces espèces de poissons se trouvent dans les fleuves et aussi dans les mers.

M. Block, président, est d'avis que la statistique de la pêche fluviale peut se faire d'une manière uniforme; il donne des renseignements sur le mode employé en France pour relever les chiffres statistiques de la pêche fluviale.

Il met ensuite aux voix la question de savoir s'il y a lieu d'émettre un vœu en faveur d'une statistique de la pêche fluviale.

Ce principe est admis à l'unanimité.

5me *section.* — M. Veth, chargé par la section de préparer une nouvelle rédaction des nos 3 et 4 du programme, propose la disposition suivante :

« Les bonnes levées statistiques et la constatation régulière des mutations par des bureaux statistiques permanents ne sont possibles, dans les possessions coloniales, que sous la direction d'hommes à la hauteur de la civilisation et de la science européennes, et avec le concours d'employés indigènes au service de l'enquête statistique et d'écrivains ruraux au service des communes. Il est désirable que les gouvernements dirigent leurs efforts vers la formation d'un personnel indigène capable de bien remplir cette tâche, et qu'ils aient soin que ce personnel soit suffisamment rétribué et honoré. Les gouvernements coloniaux ont le plus grand intérêt à se montrer généreux sous ce rapport, parce que le personnel statistique devient nécessairement un auxiliaire intelligent de leur administration. »

Cette rédaction est adoptée.

La discussion est ouverte sur le n° 5 du programme, ainsi conçu : « Dans plusieurs possessions coloniales, notamment à Java, l'état civil peut être institué dans toute commune qui possède un ou plusieurs individus capables de tenir le registre des naissances, mariages et décès, l'indigène, en général, étant flatté de savoir son nom inscrit au livre du village, qu'il aura bientôt compris parmi les objets sur lesquels se portent sa sollicitude et son affection. »

Cette question soulève des difficultés; il en est de même de la question suivante :

« Indépendamment des registres ruraux indiquant le progrès et les variations de la population sédentaire, il serait désirable d'en établir aussi, indiquant les migrations de la population ou de certaines classes de la population. »

M. Bleeker obtient ensuite la parole pour communiquer à la section un résumé des renseignements qu'il a recueillis sur la population de l'île de Java.

M. Bleeker complète ses observations par quelques données sur la densité de la population javanaise, d'où il résulte que, sous ce rapport encore, l'île de Java présente une supériorité remarquable sur les pays européens.

Résumant ces divers faits, M. Bleeker estime qu'on peut en déduire une loi qu'il formule ainsi : « Java présente l'exemple d'une nombreuse population agricole de race malaisienne habitant un pays équinoxial qui, nonobstant une durée de la vie fort restreinte de ses individus, se multiplie beaucoup plus vite que les populations de race caucasique dans les régions tempérées où la longévité est plus grande. »

Après un échange d'observations entre MM. Bleeker, von Hogendorp, Joostens et Tellegen, la séance est suspendue.

Mercredi, 8 septembre. — Séances de l'après-midi.

1re *section.* — Continuant l'espèce d'enquête qu'elle a ouverte, ce matin, sur la législation des divers pays quant aux mort-nés, la 1re section entend M. Kluge pour la Finlande, M. Farr pour l'Angleterre, M. Mansolas pour la Grèce, M. Anziani pour l'Italie,

M. Faull pour le Mecklembourg-Schwérin, M. Jennesco pour la Roumanie, M. de Sémenow pour la Russie, M. Kiaer pour la Norwége, M. Engel pour la Prusse, M. Petermann pour la Saxe, M. Jakschitsch pour la Serbie et M. Berg pour la Suède.

Après de nouvelles observations, M. Bourdin retire la proposition qu'il avait déposée le matin.

La section admet ensuite les trois propositions suivantes :

1° Les gouvernements des pays régis par le code Napoléon pour la déclaration des actes de la vie civile, sont invités à prendre les mesures qui leur paraîtront le plus propres à faire connaître le nombre des enfants : 1° venus morts au monde; 2° nés vivants, mais décédés avant la déclaration de naissance. — Sera considéré comme mort-né, l'enfant ayant au moins six mois de vie fœtale.

2° Pour les autres pays, le congrès émet le vœu que les employés de l'état civil soient tenus d'inscrire, sur les registres, les mort-nés comme tels, séparés des nés vivants décédés à quelque époque que ce soit de la vie, quelque courte qu'elle ait été.

3° Le congrès émet le vœu que, dans les relevés officiels du mouvement de la population, les mort-nés soient classés à part et ne figurent ni aux naissances ni aux décès.

2me *section.* — M. Yvernès donne lecture des conclusions adoptées entre lui et M. Rollin-Jacquemyns sur l'assistance judiciaire. M. Yvernès est invité à présenter un rapport sur cette question devant l'assemblée générale.

L'ordre du jour appelle ensuite la question des faillites et banqueroutes. M. de Vries fait un rapport sur cette question. Il examine d'abord si la statistique des faillites nous renseigne exactement sur l'état du commerce en général; puis quel est l'objet qu'une pareille statistique veut atteindre et quelles réformes ont été introduites dans les différents pays, pour le régime des faillites, à la suite des travaux de la statistique; n'est-il pas à désirer qu'à la statistique proprement dite les différents États ajoutent des renseignements précis sur les législations diverses? Faut-il prendre, pour base de la statistique, le nombre des faillites déclarées ou le nombre des personnes déclarées en faillite? Quelle est la durée de l'administration de la faillite? Quel est le but auquel tend la statistique des faillites?

Telles sont les questions diverses que M. le rapporteur soumet à l'assemblée.

Après une discussion à laquelle prennent principalement part MM. Yvernès, de Vries et Worms, ce dernier est nommé rapporteur sur la question.

3me *section.* — La discussion sur la question relative au revenu matériel est reprise. Ce sujet intéressant est traité avec détail par plusieurs membres.

M. Vrolik est nommé rapporteur.

M. Bachiene donne lecture de son rapport sur la statistique cadastrale.

Les conclusions de ce rapport sont adoptées.

4me *section.* — M. van Beeck-Vollenhoven donne lecture du projet élaboré par la sous-commission chargée de la rédaction d'un questionnaire pour la pêche maritime.

Ce questionnaire est ainsi conçu :

« 1° Quelles sont les sortes de pêches dont on s'occupe?

» 2° Quels sont les engins et ustensiles servant à ces pêches?

» 3° Quels sont les prix moyens de ces engins et de ces instruments?

» 4° A quelle époque de l'année ces pêches ont-elles lieu?

» 5° Quel est le nombre d'individus engagés dans ces pêches? »

Ces questions sont successivement adoptées sans discussion.

« 6° Quel a été le produit réel de l'année 18... pour chacune de ces sortes de pêches?

» *a.* espèces générales et quantité de poissons frais;

» *b.* le prix moyen de ces poissons soit en état saure, frais ou salé. »

Après un léger changement proposé par M. Block, président, ces six articles sont adoptés, de même que l'ensemble du questionnaire.

M. Weschniakow est nommé, à l'unanimité, rapporteur de la 4me section pour la question de la pêche.

M. Battemann (Hollande) propose d'émettre un vœu pour que la publication des statistiques relatives à la pêche soient faites à des époques moins éloignées de celles auxquelles elles se rapportent. Cette proposition est adoptée.

5me *section.* — M. van der Gon Netscher, autorisé dans une précédente séance à entretenir la section des recherches qu'il a faites et des renseignements qu'il a recueillis sur les résultats de l'émancipation des esclaves dans les colonies et du travail libre substitué au labeur des esclaves, entre à cet égard dans de longues considérations, appuyées de données statistiques.

Selon lui, il est désirable que les levées statistiques soient faites de manière que les tableaux qui en sont publiés périodiquement indiquent autant que possible, en détail, les naissances, les mariages, les décès et les âges par sexe, avec comparaisons, mouvements de la population et proportion annuelle de la mortalité, *séparément* pour les *Indiens aborigènes*, les *blancs*, les *nègres créoles*, et de la population de races croisées; puis, — et surtout les mêmes détails pour les émigrants, — selon leur origine ou pays natal : *blancs, nègres, Indiens, Chinois*, etc.

Pour juger l'état social et la part d'industrie et de civilisation de chaque partie ou dénomination de la population et les causes des maladies et de la mortalité ou du bien-être, il sera nécessaire non-seulement de diviser cette population, comme jusqu'à présent, en *urbaine* et *rurale*, mais aussi de noter combien d'individus de la dernière partie demeurent sur les plantations ou grands établissements d'industrie et de culture et combien dans les villages ou agglomérations de huttes et dans des cabanes dispersées. — L'énumération des églises, des écoles et des écoliers, des prisons et des prisonniers, des hôpitaux et des malades, dont on trouve déjà des chiffres assez exacts dans la statistique de quelques colonies, gagnerait beaucoup en utilité et en intérêt, si elle indiquait les races différentes de population qui en profitent.

Jeudi, 9 septembre. — Séances du matin.

1re *section*. — Un travail très-remarquable fait par M. von Baumhauer sur la question des tables de mortalité, est suivi de conclusions dont la section aborde immédiatement l'examen.

La première de ces conclusions est ainsi conçue : « Une étude approfondie de l'identité des rapports est indispensable pour la juste appréciation des éléments de construction des tables de survie et de mortalité. »

La seconde conclusion est formulée comme suit : « Les décédés par âges, représentant dans la table les décédés à chaque âge pendant toute l'année ou pendant toute la série de jours dont l'année se compose, doivent être mis en rapport avec tous les exposés à mourir, à chaque âge correspondant, pendant l'année, et nullement avec une population par âge à jour fixe. »

Cette proposition donne lieu à une très-longue discussion, à laquelle prennent part MM. de Blaramberg (Russie), Mayr, Quetelet, Berg, Brown (Angleterre), Farr, Balchen (Suède), Hausmans (Espagne), Sémenow, Kiaer, Legoyt, Engel, Maëstri, etc.

M. von Baumhauer, en réponse à diverses objections qui lui sont faites, consent au retranchement des derniers mots de la proposition : « nullement avec une population par âge à jour fixe, » et la conclusion, ainsi modifiée, est adoptée.

Une proposition, déposée par M. Berg et modifiée par M. Legoyt, est adoptée dans les termes suivants :

« Le congrès exprime le vœu que chaque pays qui publie des tables officielles de mortalité fasse connaître, à l'avenir, la méthode d'après laquelle ces tables ont été calculées. »

La dernière conclusion proposée dans le travail de M. von Baumhauer est ainsi conçue :

« Le congrès croit qu'il est nécessaire d'indiquer dans les listes mortuaires, non-seulement l'âge, mais l'année de naissance des décédés. »

Cette conclusion est adoptée, de même que la proposition suivante de M. Kiaer. « Le congrès exprime le vœu que dans les recensements futurs, on divise les habitants par pays d'origine, en distinguant, en même temps, le sexe et l'âge. »

M. Engel a ensuite la parole pour développer une proposition qu'il a l'intention de soumettre aux délibérations du congrès. Il rappelle, en premier lieu, que l'institution des congrès a eu trois buts principaux : d'abord d'établir des rapports d'union et d'amitié entre les hommes qui s'occupent de travaux statistiques; en second lieu, de multiplier ces travaux; en troisième lieu, d'arriver, à l'aide de ces travaux, à des comparaisons qui permettent de faire connaître les changements périodiques qui se présentent dans la population des différents pays, dans leur vie physique, économique, intellectuelle, morale et politique.

Les deux premiers de ces buts ont été certainement atteints; mais comment arriver au troisième, qui se résume en une publication périodique ou en un annuaire de statistique générale, c'est-à-dire en un travail très-long et même très-coûteux? En appliquant le puissant levier de notre époque : la division du travail. Les bureaux de statistique d'un grand nombre d'États ont envoyé des délégués au congrès; que ces délégués se réunissent, et, prenant les chapitres pour ainsi dire naturels de la statistique, qu'ils les répartissent entre les diverses commissions centrales, de manière que chaque commission n'ait qu'à traiter un de ces chapitres. On arrivera ainsi facilement et à peu de frais à une statistique européenne comparée, s'appliquant à tous les objets qu'embrasse la statistique. Les publications des divers congrès seraient faites en français et dans un format uniforme.

La proposition de M. Engel est accueillie par les applaudissements et l'approbation unanimes de la section, qui décide que les délégués des divers pays se réuniront dès cette après-midi pour s'entendre quant à la mise en pratique de la proposition.

M. Maëstri voudrait aussi la publication, dans les divers pays, d'un almanach de la statistique. On lui fait observer qu'il faut d'abord s'occuper de la base de ce travail, c'est-à-dire de réaliser l'idée de M. Engel.

MM. Farr et le docteur Gibson (Angleterre) présentent un volume contenant la nomenclature des diverses maladies. Cette nomenclature, fondée sur la nosologie statistique du docteur Farr, est destinée à servir de vocabulaire uniforme pour l'exacte désignation de toutes les maladies, de manière que les nombres de cas constatés pour chacune d'elles, dans différentes localités, puissent être facilement comparés.

Des remerciments sont votés à MM. Farr et Sibson, qui veulent bien promettre d'envoyer leur ouvrage aux membres qui leur en feront la demande.

Les travaux de la 1re section sont terminés.

2me *section.* — L'examen du troisième objet à l'ordre du jour : Faillites et banqueroutes, est repris.

Après une discussion à laquelle prennent part MM. de Vries, Worms, Visschers, Yvernès et M. le président, il est entendu que les cadres statistiques doivent être faits de manière à permettre la comparaison entre les statistiques des divers pays.

Un long débat s'engage entre les mêmes orateurs sur le point de savoir si l'on énumérera les causes de faillite. La question est résolue négativement.

Cet objet examiné, l'assemblée passe au quatrième point du programme, relatif à la statistique des sociétés par actions.

M. Asser, qui a publié sur cette question un remarquable travail, traite successivement les trois points suivants : 1° Utilité de la statistique des sociétés par actions ; 2° quelles doivent en être les limites ? 3° par quel moyen peut-on se procurer la connaissance des chiffres ?

Un débat s'engage, à ce sujet, entre MM. Asser, de Vries, Visschers, Jolles, de Pinto, Van Gigh, Jacobson, Laspeyres et Beelaerts. — M. Asser est nommé rapporteur.

M. le président communique ensuite le résumé de son rapport sur l'organisation judiciaire et présente des conclusions qui donnent lieu à un débat entre lui, MM. Visschers, Yvernès, Eyssel, de Witte Van Citers et Van Eck.

Ces conclusions sont adoptées, après avoir subi diverses modifications. M. Jolles, président, est chargé de rédiger le rapport sur cet objet.

M. de Pinto présente la traduction française de la nouvelle loi des Pays-Bas sur l'organisation judiciaire.

3me *section.* — La section aborde l'examen des questions relatives aux banques.

Après quelques observations échangées entre MM. Wirth, Hübner et Juglar, ce dernier est nommé rapporteur, ainsi que M. Baert.

La section s'occupe ensuite du crédit foncier.

M. Duprat propose d'ajouter au formulaire la question suivante : « Quel est le rapport entre le produit net du sol et l'annuité à payer pour l'intérêt et l'amortissement du capital emprunté ? »

Cette proposition est combattue par M. Wolowski, qui fait remarquer qu'il n'y a point de rapport entre le produit du sol et le taux de l'intérêt ; le but de l'institution est de faire baisser le taux de l'intérêt. L'orateur croit qu'il n'y a pas lieu d'ajouter la question posée par M. Duprat, puisque cette question est étrangère à l'institution du crédit foncier.

Après un court débat, la section décide que cette question sera ajoutée au formulaire.

Jeudi, 8 septembre — Séances de l'après-midi.

3me *section.* — M. Vrolik donne lecture du rapport qu'il a été chargé de présenter sur la question relative au revenu national. Après quelques observations de MM. Wolowski et Duprat, le rapport est adopté.

M. Bachiene présente son rapport sur le crédit foncier. Ce rapport est également admis.

La section passe ensuite à l'examen de la statistique des impôts et de la question relative aux finances des communes, circonscriptions, etc.

4me *section.* — M. Maëstri (Italie), rapporteur pour la question de la statistique du commerce intérieur, donne lecture de son rapport, qui est adopté à l'unanimité.

M. Berg (Suède) dépose un rapport de l'intendant des pêches en Suède, portant le questionnaire en usage pour recueillir les données statistiques sur la pêche.

La section procède ensuite à la discussion de la proposition de M. David (Danemark), tendant à émettre un vœu pour que la commission organisatrice du prochain congrès veuille bien s'occuper du meilleur mode à employer pour fixer la valeur des marchandises importées et exportées.

Cette proposition est mise aux voix et adoptée à l'unanimité.

Vendredi, 10 septembre. — Séances du matin.

2me *section.* — M. Visschers annonce officieusement qu'il a rédigé, de concert avec quelques amis, une proposition tendant à inviter le bureau à envoyer aux gouvernements une requête pour les prier : 1° d'introduire dans leurs États un système uniforme de poids et mesures conforme au système métrique, déjà en usage en France, en Belgique, dans les Pays-Bas, en Italie et ailleurs; 2° de préparer et de hâter, par des conventions internationales, l'avénement d'un système monétaire uniforme. — M. Visschers prie les membres de bien vouloir appuyer cette proposition par leur signature. (*Adhésion unanime.*)

M. Rollin Jacquemyns résume son rapport sur la proposition d'émettre le vœu que les gouvernements recueillent des données pour une statistique officielle, tant de la législation qui régit la mainmorte, que de son état actuel.

M. le président Jolles donne lecture du résumé de son rapport sur l'organisation judiciaire.

M. Worms lit son rapport sur les faillites et les banqueroutes.

Les conclusions de ces rapports sont successivement adoptées.

3me *section.* — M. Castiglioni donne lecture du rapport sur la statistique des finances des communes, des circonscriptions territoriales, etc., etc. Ce rapport est adopté.

M. Schreyer présente un atlas statistique des branches principales de l'industrie des fabriques dans la Russie européenne, adressé au congrès par M. Cimiriaseff, membre de la Société impériale libre économique de Saint-Pétersbourg.

Les travaux de la 3me section sont terminés.

SECONDE SÉANCE GÉNÉRALE.

La seconde séance de l'assemblée générale a lieu le vendredi, 10 septembre. Elle est ouverte à 1 heure de l'après-midi, sous la présidence de M. Fock, ministre de l'intérieur.

M. Farr rappelle le discours prononcé par Son Altesse Royale le prince Albert, lors de la quatrième session du congrès, tenue à Londres; il fait observer que depuis la dernière session, tenue à Florence, lord Brougham, vice-président de la réunion de Londres, a été enlevé par la mort.

Lord Houghton prononce un discours à la mémoire de ce grand homme. Ce discours est vivement applaudi par l'assemblée.

M. Ruggles communique ses observations sur la production de l'agriculture dans les divers pays et il émet le vœu que les délégués officiels, à chaque session du congrès, fassent des rapport à ce sujet, en exprimant la quantité des céréales produites en poids plutôt qu'en mesures de capacité.

M. Engel présente ensuite, au nom de la 1re section, un rapport sur la première question du programme, concernant *les limites de la statistique*. Les conclusions de ce rapport sont adoptées (1).

M. Sémenow présente, également au nom de la 1re section, un rapport sur la seconde question du programme : *Méthodologie de la statistique*. Les conclusions en sont adoptées (2).

M. Rollin Jacquemyns, au nom de la 2me section, fait rapport sur la question *de la mainmorte* et présente à l'assemblée la conclusion suivante :

« Le congrès émet le vœu que les gouvernements recueillent les données pour une statistique officielle tant de la législation qui régit la mainmorte que de son état actuel. »

Le baron de Hugenpoth, M. Pascal Duprat et M. Bourdin proposent des amendements à cette conclusion. Le premier et le dernier, après de chaleureux débats, se rallient à la rédaction proposée par M. Pascal Duprat. Mise aux voix, elle est adoptée. Elle est conçue en ces termes :

« Le congrès, considérant qu'il est de la plus haute importance, dans l'état actuel de l'Europe, d'avoir une connaissance aussi exacte que possible des institutions de mainmorte, invite les gouvernements à vouloir bien faire dresser le tableau comparatif des législations sur ce grave sujet, et à donner la statistique de la mainmorte sous toutes ses formes. »

(1) Voir ces conclusions, page 87.
(2) *Ibidem.*

La séance est terminée par la lecture du rapport de M. Yvernès présenté au nom de la 2me section, rapport concernant la question de l'assistance judiciaire. Les conclusions sont adoptées.

TROISIÈME SÉANCE GÉNÉRALE.

M. Mayr (Bavière) présente un rapport, au nom de la 1re section, sur la question relative à la statistique des mort-nés. Les conclusions de ce rapport sont adoptées (¹).

M. Worms (France) fait rapport, au nom de la 2me section, sur la question des faillites. Il propose les conclusions suivantes :

« Faire ouvrir, dans les colonnes déjà usitées, diverses autres colonnes encore pour y recueillir successivement, entre autres, le nombre des faillites et des faillis, le caractère du jugement déclaratif, la situation personnelle du failli, le genre du commerce atteint, la durée de l'administration postérieure à la faillite, la décomposition de l'actif et du passif, les condamnations pour banqueroute simple, les condamnations pour banqueroute frauduleuse, les causes de ces condamnations résultant de l'indication de la disposition pénale et le nombre des réhabilitations prononcées à la suite de la libération entière du failli. »

Ces conclusions sont adoptées.

M. Jolles dépose, également au nom de la 2me section, le rapport sur l'organisation judiciaire.

Les conclusions de ce rapport sont ainsi conçues :

« 1° Inviter les gouvernements à faire précéder d'un aperçu, ou exposé sommaire de l'organisation judiciaire, les comptes-rendus qu'ils publient sur l'administration de la justice civile et commerciale;

» 2° Mentionner spécialement dans cet aperçu le nombre des cours et des tribunaux; leur composition et leur compétence pour chaque juridiction; l'étendue territoriale et la population; le montant des contributions foncières; le nombre des officiers ministériels; etc. »

Ces conclusions sont adoptées.

M. Bachiene, au nom de la 3me section, présente le rapport sur la question de la statistique cadastrale et soumet à l'assemblée les conclusions suivantes, qui reçoivent l'assentiment général :

« 1° Le congrès adopte : *a.* le programme de Florence avec les amendements dans les titres II et III de la 1re partie, proposés dans le travail préparatoire, et *b.* les modèles pré-

(¹) Voir ces conclusions, page 97.

sentés à La Haye, tels que ces modèles ont été simplifiés par les modifications mentionnées ci-dessus.

» 2° Le congrès invite les gouvernements représentés à rédiger une statistique cadastrale d'après les modèles *simplifiés*, en laissant liberté pleine et entière d'y ajouter des statistiques plus détaillées, empruntées aux cadastres achevés et conservés jusqu'à ce jour.

» 3° Le congrès recommande de rédiger, par l'intermédiaire des bureaux généraux de statistique, les statistiques proposées dans les conclusions du rapport de la section provisoire sous 2 litt. *B* et *C*, pour les pays qui ont leur cadastre parcellaire achevé et conservé. »

M. Samuel Brown (Grande-Bretagne), au nom de la 1re section, donne lecture de son rapport, qui est adopté, sur la question relative aux *Méthodes de construction ou calcul des tables de survie et de mortalité* (1).

M. Bachiene fait rapport sur la question du crédit foncier; il propose les conclusions suivantes :

« Le congrès réitère le vœu exprimé au congrès précédent, que les bureaux de statistique s'occupent d'une statistique hypothécaire et du crédit foncier, les Pays-Bas ayant seuls répondu jusqu'ici à l'invitation du congrès de Florence; le questionnaire de 1867 sera réimprimé dans le Compte-rendu du congrès actuel. La question suivante, proposée par M. P. Duprat, sera ajoutée à ce questionnaire : « Quel est, en moyenne, le rapport entre le » chiffre du produit net des biens hypothéqués et le chiffre de l'annuité servie aux institu- » tions de crédit foncier pour payer la rente annuelle, les frais d'administration et l'amor- » tissement de la créance. »

Ces conclusions sont adoptées.

M. Vrolik (Hollande) communique son rapport sur la question relative à la statistique du revenu annuel de la nation. Il soumet à l'assemblée les conclusions suivantes :

« La 3me section propose au congrès d'exprimer le vœu que les délégués des divers pays, et notamment les chefs des bureaux de statistique, soient invités à communiquer au congrès futur les éléments que la statistique de leur pays possède, pour arriver à une statistique aussi complète que possible du revenu de la nation, soit d'après la méthode *personnelle*, qui s'attache à évaluer le revenu individuel des habitants, soit d'après la méthode *réelle*, qui procède d'une manière collective à l'estimation des diverses branches de la production. — On pourrait améliorer les moyens qu'on emploie pour rendre les statistiques de l'industrie, du commerce, des mines, de la pêche aussi complètes que l'est déjà celle de l'agriculture dans quelques États. On devrait s'attacher à rédiger les statistiques spéciales, et notamment celle de l'industrie, de façon à distinguer les divers éléments qui les composent, les matières premières employées, le combustible, etc. De cette manière on éviterait de doubles emplois dans les différentes statistiques destinées à faire connaître le revenu de la nation.

(1) Voir, page 99, les conclusions de ce rapport.

» En dernier lieu, il serait désirable de rechercher les méthodes et de connaître les revenus divers qui échappent aujourd'hui à toute investigation dans les pays où l'on n'a pas l'income-taxe. »

Ces conclusions sont adoptées.

M. de Buschen (Russie) présente le rapport de la 3me section sur la question relative à la statistique des impôts.

Il propose les conclusions suivantes, qui sont admises :

« La section émet le vœu de demander aux différents bureaux de statistique la confection de tableaux statistiques sur les impôts, d'après la classification adoptée par la section et avec les détails demandés. »

M. Maëstri (Italie) donne lecture du rapport de la 4me section sur la question relative à la statistique commerciale. En voici les conclusions :

« 1° L'exactitude de l'enregistrement des quantités et de la valeur des marchandises a été mise en doute dans quelques pays. Il est donc de la plus grande importance qu'il soit fait, par les divers gouvernements, une enquête dans le but d'éprouver la véracité des statistiques du commerce et de rechercher, s'il y a lieu, les meilleurs moyens de mieux en assurer l'exactitude.

» 2° Il est résulté de la discussion que, dans quelques pays, les déclarations du commerce se rapportant aux articles libres sont acceptées sans aucun contrôle et sans qu'il existe une disposition pénale pour les déclarations inexactes.

» La section, désirant sauvegarder les intérêts de la statistique du commerce extérieur, exprime le vœu que les gouvernements de ces pays soient invités à prendre des mesures pour assurer l'exactitude desdites déclarations, comme : amendes, droit de balance, etc.

» 3° Le congrès émet le vœu que la classification et la nomenclature des tableaux des importations, des exportations et du transit soient soumises à une révision générale, afin d'amener, autant que possible, une organisation uniforme de ces tableaux ; d'introduire les simplifications ou les subdivisions nécessaires, et, en général, de concilier l'exactitude des relevés statistiques avec les intérêts du commerce international.

» Les gouvernements sont invités à créer une commission internationale, munie de pouvoirs spéciaux, pour s'entendre sur la matière en question, à l'exemple de ce qui a été fait pour les postes et pour les télégraphes.

» 4° Le congrès émet le vœu que la commission organisatrice du prochain congrès veuille bien s'occuper du meilleur moyen à employer pour fixer la valeur des marchandises importées et exportées.

» 5° Des défauts analogues à ceux que présentent les tableaux de la statistique douanière se rencontrent dans les tableaux statistiques sur les mouvements des marchandises, publiés par les administrations des chemins de fer. Ces tableaux laissent également beaucoup à désirer sous le rapport de l'uniformité des classifications et des nomenclatures.

» La section propose que cette question soit mise à l'étude pour le prochain congrès. »

Ces conclusions sont adoptées.

M. Vrolik donne quelques renseignements sur le système monétaire en usage dans le royaume des Pays-Bas. Tout en étant partisan de l'unité monétaire, il pense que le moment n'est pas encore venu d'introduire cette modification importante dans les Pays-Bas. Il convient — dit-il, — d'attendre que les grands pays de l'Europe aient adopté cette mesure de progrès; alors seulement, le moment sera venu d'introduire cette amélioration en Hollande. Il termine en formulant l'espoir de pouvoir concourir par ses efforts à amener cet état de choses tant désiré.

M. Engel (Prusse) présente à l'assemblée le développement des idées qu'il a exposées au sein de la 1re section, dans sa séance du 9 septembre, en vue d'arriver à l'adoption d'un plan des statistiques internationale et comparée. Il fait connaître qu'à la suite de deux réunions des présidents et membres des commissions centrales et des directeurs et membres des bureaux officiels de statistique des divers États représentés au congrès actuel, il a été décidé que les différentes parties de la statistique seraient réparties de la manière suivante :

PROGRAMME D'UNE STATISTIQUE INTERNATIONALE.

1. *Territoire* : Russie et Finlande.
2. *Population* :
   - *a*. État de la population : Suède.
   - *b*. Nationalités : Autriche.
   - *c*. Mouvement de la population, excepté les causes de décès : Belgique (M. Heuschling).
   - *d*. Causes de décès et hygiène : Angleterre (M. Farr).
   - *e*. Tables de mortalité : Belgique (M. Quetelet).
3. *Propriété foncière* :
   - *a*. Non bâtie : Bavière.
   - *b*. Bâtie : Bavière.
4. *Agriculture* : France et Irlande
5. *Bétail* : France.
6. *Viticulture* : Hongrie.
7. *Sylviculture, chasse* : Bade.
8. *Pêche* (maritime et fluviale) : Hollande.
9. *Mines et usines* : Russie.
10. *Industrie* : Prusse.
11. *Commerce* (exportations et importations) : Angleterre (M. Valpy).

12. *Navigation :*
    a. Maritime : Norwége.
    b. Fluviale : Russie.
13. *Transports :*
    a. Postes et télégraphes : Danemark.
    b. Chemins de fer : Hesse.
14. *Assurances :*
    a. Assurances sur la vie : Prusse et Thuringe (M. Hopp).
    b. Assurances contre l'incendie : Bavière.
    c. Assurances agricoles (grêle, bétail, etc.) : France.
    d. Assurances des transports : Hambourg.
15. *Institutions de crédit et banques populaires :* Suisse.
16. *Prévoyance :*
    a. Caisses d'épargne : Italie.
    b. Caisses de secours mutuels et de retraite pour la vieillesse : Prusse.
17. *Assistance publique :* Italie.
18. *Cultes :* Saxe royale.
19. *Instruction publique :* Autriche.
20. *Justice.*
    a. Justice civile et commerciale : France (M. Yvernès).
    b. Justice criminelle : Hollande.
21. *Prisons :* Danemark.
22. *Finances :* Wurtemberg.
23. *Armée :* Bade.
24. *Force navale :* Espagne (M. Balaguer).

Cette répartition faite, tous les collaborateurs ont été d'accord :

1° Que ces publications de statistique internationale et comparée seraient écrites en langue française;

2° Que les poids et mesures seraient ceux du *système métrique;*

3° Que l'unité monétaire serait le *franc ;*

4° Que le point de départ des comparaisons (en ce qui concerne le temps) ne serait pas, si c'est possible, antérieur à l'époque de la création des congrès de statistique, c'est-à-dire à l'an 1853;

5° Que ces comparaisons s'étendent jusqu'au temps le plus récent;

Que les comparaisons (quant aux circonscriptions territoriales) doivent être abandonnées au bon jugement des collaborateurs;

6° Que tout collaborateur veuille bien, sur demande, faire les communications nécessaires à ses collègues;

7° Que le nombre d'exemplaires à tirer de ces publications serait au minimum 2,000, dont à peu près 1,000 seraient à la disposition des gouvernements ou bureaux qui se sont chargés du travail mentionné;

8° Que l'on se mette tout de suite à l'ouvrage pour commencer le travail, afin que l'on puisse offrir déjà au prochain congrès une série de ces publications de statistique internationale et comparée;

9° Que le format et les types du premier volume de la statistique internationale, rédigée par MM. Quetelet et Heuschling, servent de modèle aux volumes suivants.

L'assemblée s'occupe en dernier lieu de savoir où aura lieu le prochain congrès. Après une intéressante discussion, à laquelle prennent surtout part les délégués de la Russie et de l'Espagne, le congrès décide que la résolution, quant au lieu du futur congrès, sera laissée à la commission organisatrice.

Lord Houghton demande ensuite la parole. Il désire se constituer l'organe de la reconnaissance de l'assemblée envers la famille royale de Hollande, qui a voulu que le congrès reçût en Néerlande un accueil non-seulement amical, mais fraternel. Chacun de nous, dit lord Houghton, se rappellera avec bonheur ce congrès et conservera inscrit dans son cœur ce souvenir : une semaine à La Haye.

M. Sémenow propose de voter des remercîments à tous les ministres de S. M. le Roi des Pays-Bas.

M. Maëstri se félicite de ce que le congrès ait tenu à La Haye sa septième session et prie l'assemblée de voter des remercîments à MM. Vissering, von Baumhauer (1), et à tous les membres de la commission organisatrice qui ont tant contribué au succès de la réunion.

M. Legoyt propose de voter des remercîments à la ville de La Haye, à son digne représentant, en un mot à toutes les villes de Hollande que les membres du congrès ont déjà visitées et visiteront encore.

Puis M. Fock, ministre de l'intérieur, déclare close la septième session du congrès international de statistique.

(1) M. von Baumhauer a rendu les plus grands services à la réunion tenue à La Haye, non-seulement par les soins qu'il a apportés à l'organisation du Congrès, mais aussi par sa participation aux débats.

CONGRÈS INTERNATIONAL DE STATISTIQUE

DE St-PÉTERSBOURG (1872).

De même que dans les sessions antérieures du congrès international de statistique, la réunion générale tenue à St-Pétersbourg a été précédée de trois séances consacrées exclusivement à l'avant-congrès, séances auxquelles prenaient part les délégués officiels seulement, ainsi que le bureau de la commission organisatrice.

La première de ces réunions a eu lieu le 19 août, sous la présidence de M. de Sémenow, directeur du comité central de statistique de Russie.

Après quelques paroles de bienvenue, M. de Sémenow s'exprime comme suit :

« ..... Si j'ai osé prendre sur moi d'ouvrir la session, c'est en reconnaissant que l'honneur de vous présider appartient à de plus dignes. Il est superflu de prononcer un nom que chacun dit tout bas. Le vénérable M. Quetelet ne peut refuser les fonctions de président d'honneur que nous voulons lui offrir à l'unanimité. Il peut seulement demander qu'en raison de son âge avancé, on lui allége les fonctions pénibles de la présidence en lui désignant des substituts..... »

M. Engel appuie la proposition de conférer la présidence d'honneur à M. Quetelet, mais il demande que la présidence effective soit maintenue à M. de Sémenow, l'organisateur du présent congrès. (*Applaudissements.*)

MM. Farr et Quetelet appuient cette proposition.

M. de Sémenow accepte la présidence, à condition que MM. Farr et Engel veuillent bien la partager avec lui.

Il propose comme secrétaires : pour la France, M. Maurice Block; pour l'Allemagne, M. Mayr; pour l'Angleterre, M. Hammick; pour la Russie, M. Wilson, secrétaire de la commission organisatrice.

Ces propositions sont accueillies par les applaudissements de l'assemblée.

On passe ensuite à la discussion sur le projet de règlement proposé par la commission. Les différents articles sont successivement adoptés, quelques-uns après avoir subi de légères modifications.

La seconde séance de l'avant-congrès commence par l'examen de la question de la publication d'une statistique internationale. Divers membres prennent tour à tour la parole dans la discussion qui s'établit à ce sujet : après quoi plusieurs résolutions importantes sont votées.

La continuation de la discussion sur la question de la statistique internationale occupe également le commencement de la troisième réunion particulière tenue par les délégués officiels. M. le président met ensuite aux voix trois propositions relatives à l'organisation du congrès, et l'assemblée décide, en conséquence :

1° L'institution d'une commission permanente de statistique;

2° La nomination d'une sous-commission chargée de présenter un rapport sur la composition de la commission permanente et sur les attributions dont elle sera investie;

3° Que les sessions ultérieures des congrès auront lieu au moins une fois tous les trois ans.

L'assemblée nomme membres de la sous-commission : MM. Quetelet, Engel, Yvernès, Max Wirth, von Baumhauer, Ficker et Sémenow.

On s'occupe ensuite de l'examen des propositions spéciales faites par divers membres.

M. Quetelet rappelle le beau travail de M. Maury sur la mer. Il dit que ce savant lui a écrit qu'il appréciait hautement les travaux du congrès de statistique; que ce que celui-ci faisait pour la terre, il se propose, avec d'autres savants, de le faire pour la mer, et qu'il voudrait que des relations de fraternité s'établissent entre les deux institutions pour relier entre elles leurs observations [1].

M. le président donne lecture d'une lettre et d'un mémoire adressés par M. Maury à M. Quetelet et propose de renvoyer ces documents à une sous-commission de la 1re section. (*Adopté.*)

M. de Sémenow informe ensuite l'assemblée que la séance solennelle d'ouverture du congrès aura lieu le lendemain, à 11 heures du matin, à l'hôtel de la Noblesse, sous la présidence de S. A. I. Mgr le grand-duc Constantin. (*Applaudissements.*) Il ajoute qu'aussitôt après cette séance, les sections se réuniront pour se constituer.

[1] Voir, plus loin, les résolutions du congrès au sujet des propositions de M. Maury.

PREMIÈRE SÉANCE GÉNÉRALE.

Le jeudi, 22 août, a lieu la première réunion générale du Congrès. A 11 heures un quart, S. A. I. Mgr le grand-duc Constantin, frère de S. M. l'Empereur, prend place au fauteuil de la présidence et prononce le discours suivant, devant un auditoire des plus nombreux :

« MESSIEURS,

» Notre époque a vu naître plus d'une science nouvelle. Transmis par la continuité du labeur scientifique, poussés par le souffle vivifiant de l'analyse, secondés par la propagation des méthodes positives, les divers éléments du savoir humain viennent se grouper autour de quelques centres d'attraction pour former autant de sciences séparées, aux limites plus ou moins nettement tracées.

» C'est à ces sciences, les plus jeunes par l'âge, qu'appartient la statistique.

» L'étude de l'homme dans sa vie politique et sociale fut le centre auquel venaient aboutir les différents éléments de recherches et d'investigations dans la sphère de la vie politique et sociale. Grâce à l'élargissement successif de cette sphère, grâce à la méthode positive appliquée à l'étude des faits sociaux, grâce enfin au génie, aux vastes lumières et aux travaux infatigables de l'homme éminent que nous avons l'honneur de voir aujourd'hui au milieu de nous, et que vous avez déjà nommé, Messieurs, la statistique a pris rang parmi les sciences. Les travaux de plusieurs d'entre vous, Messieurs, lui ont assuré des développements amples et lui ont fait acquérir enfin le droit de cité parmi les groupes indépendants du savoir humain. Il est vrai qu'aujourd'hui encore il y a contestation quant aux limites de cette science : étroitement liés à plusieurs autres branches du savoir, les éléments qui la composent se trouvent nécessairement en contact avec ceux des autres sciences; il est vrai qu'il existe de nombreuses définitions de la statistique; — il est vrai enfin qu'il existe une opinion qui veut que la statistique ne soit point une science, mais un art — moins que cela, une simple méthode d'investigation.

» Il ne m'appartient pas, Messieurs, de discuter devant vous ces différentes opinions, ni de vous offrir la mienne comme solution; mais qu'il me soit permis d'appeler votre attention sur des faits incontestables. Les observations concernant l'état et le mouvement de la population, les lois des naissances, des décès et de la vie moyenne, considérées au point de vue de l'influence qu'exercent sur elles les différentes conditions de la vie politique et sociale, le flux et reflux de la prospérité économique envisagé au point de vue de ces mêmes conditions; l'étude des différents phénomènes moraux se manifestant au milieu de la société humaine, — toutes ces questions, et bien d'autres, ne constituent-elles point une sphère d'investigation et d'études spéciales, tout à fait indépendantes du domaine du physiologiste, de l'économiste, du psychologue et de l'historien?

» Si la statistique n'a pas amené jusqu'à présent la découverte de quelque grande loi universelle, à l'exemple de l'astronomie ou de la physique, on ne saurait lui en faire un reproche; plus d'une science le partagerait avec elle. Ses recherches sont encore trop récentes, les moyens d'investigation dont elle dispose sont loin d'offrir toute la perfection voulue; le champ de ses études enfin n'a que des limites fort restreintes, ne s'étendant qu'à une partie peu considérable du monde habité. Peut-être, dans l'avenir, la statistique étendra-t-elle ses recherches sur de nouveaux phénomènes de la vie politique et sociale, restés jusqu'aujourd'hui en dehors de l'examen scientifique; peut-être, — et c'est à peine s'il est permis d'en douter, — la statistique sera-t-elle ravivée par l'affluence de faits et de lois recueillis dans d'autres sphères du savoir, et grâce à cette fusion, se transformera-t-elle en une science dont dès ce moment il est impossible de prévoir les limites et la portée; quoi qu'il en soit, c'est l'avenir qui en décidera; quant à présent, la statistique a encore un vaste terrain à défricher.

» Tout en reconnaissant à la statistique la valeur d'une science appelée à établir les lois de la physique sociale, il est cependant impossible de nier que le mot même de statistique renferme aussi la notion d'une certaine branche de la technique administrative : c'est là la source de la confusion des notions sur la statistique comme science et comme art. La technique, c'est-à-dire la coordination systématique des données recueillies par la statistique, a une importance immense, et de la manière dont est conduite cette opération dépendent en grande partie les résultats auxquels peut atteindre la science. Plus les procédés et les opérations dont se sert la statistique, — les registres courants et périodiques, etc., — seront parfaits, plus la marche progressive de la science sera ferme et sûre. Quant à la valeur de la statistique comme méthode, il y a ici une distinction à faire : la méthode d'investigation la plus propre à la statistique, c'est-à-dire le dénombrement, les déductions mathématiques, a été empruntée avec succès par d'autres sciences; mais il n'est point permis d'en conclure que les mêmes phénomènes qu'étudient ces sciences puissent être renvoyés dans le ressort de la statistique, pas plus qu'il est possible de ne pas reconnaître l'indépendance de la science statistique.

» Mais qu'elle soit science, art ou méthode, il est incontestable que la statistique existe pour le bien de l'humanité. Quel est son but? A quoi tendent les travaux de ceux qui lui ont consacré leurs efforts? A rechercher sous l'empire de quelles lois et de quelles institutions, dans quelles conditions physiques et économiques le bien-être de l'homme est le plus complet, et à trouver la source du mal qui arrête l'humanité dans ses progrès. Le conseil ou l'enseignement donné par le sage de l'antiquité à l'homme : — Connais-toi toi-même, s'adresse maintenant à la société entière. De plus, comme l'homme ne saurait atteindre son développement complet que dans la société organisée, la statistique se présente comme l'auxiliaire indispensable de tout organe de la vie politique et sociale. Ce n'est point, Messieurs, d'une conviction théorique que je m'inspire, mais bien d'une expérience personnelle et toute pratique que j'ai acquise comme président du conseil de l'Empire. Ma qualité de marin me suggère ici une comparaison : celle des enseignements que nous offre la statistique avec les fanaux. Comment le pilote pourrait-il éviter les bas-fonds, les récifs, le naufrage, sans ces feux sauveurs qui jettent du rivage leur clarté préservatrice? Il est vrai que pendant longtemps ces fanaux de la science n'ont lui à l'humanité que d'une manière vacillante et incertaine. Cependant ici, comme partout ailleurs, un certain progrès ne manque pas de se manifester : à l'heure qu'il est, tous les gouvernements ont reconnu la valeur de la statistique, et ne reculent plus devant les moyens d'améliorer les institutions statistiques, non plus que d'élargir la sphère des investigations de cette science. L'institution du congrès a fixé sur cette science une attention toute spéciale des gouvernements; aspirant au but fécond de l'unification des recherches statistiques, et l'ayant déjà atteint à plus d'un titre, les travaux du congrès ont toujours été le stimulant par excellence du développement des opérations et des recherches statistiques dans ceux des pays qui ont eu l'honneur de recevoir le congrès. Le gouvernement russe a suivi avec attention et intérêt les travaux du congrès, à commencer particulièrement de sa troisième session, celle de Vienne, et a appris avec un vif plaisir la résolution de la session de La Haye de tenir la réunion suivante à Saint-Pétersbourg. Le gouvernement russe, reconnaissant l'honneur qui lui est fait de recevoir tant d'illustres représentants de la science et de la pratique statistique de tous les pays civilisés du monde, considère la session actuelle comme un gage du progrès futur de la science statistique dans notre pays. L'échange verbal d'idées et d'observations recueillies par l'expérience, les liens qui ne manqueront pas d'unir les institutions statistiques de l'étranger avec celles de la Russie, l'obligation morale de mettre à exécution les résolutions du congrès, — tout cela ne pourra que servir la cause de la statistique et contribuer à son développement dans notre pays.

» Permettez-moi, Messieurs, d'exprimer l'espoir que le progrès de la statistique en Russie sera en même temps celui de la science statistique en général. La position géographique de la Russie, la grande étendue de son territoire dans deux parties du monde, le chiffre de sa population, donnent aux recherches statistiques dans notre pays un puissant intérêt. Les conditions de la vie politique et sociale de la Russie, comparées à celles des autres États de l'Europe, présentent plus d'un point de divergence : ces différences tiennent en partie aux conditions géographiques de la Russie, en partie au peu de durée de sa vie politique, en partie enfin aux particularités du caractère national.

» D'un côté, dans nul autre pays de l'Europe les phénomènes étudiés pour la statistique ne présentent un aspect moins complexe qu'en Russie. Une vaste partie de l'Empire est peuplée d'une seule et même race, professant la même religion; des territoires entiers, presque dépourvus de villes, sont occupés par une population rurale, uniforme dans ses occupations; des régions d'une même industrie, d'un même travail, s'étendent à plusieurs dizaines de degrés de latitude et de longitude. Les mêmes traits distinctifs peuvent être retrouvés sur de vastes espaces à partir des forêts du nord jusqu'aux steppes du sud. Il est clair que des données statistiques obtenues dans des conditions pareilles et sur une aussi vaste échelle se prêtent facilement à l'analyse et qu'il devient aisé de découvrir les causes constantes et variables qui déterminent les faits étudiés.

» D'une autre part, les phénomènes de la vie sociale et politique en Russie ne sont pas dépourvus d'une variété souvent très-considérable. Renfermant dans ses limites tous les climats et tous les terroirs, plaines et montagnes, steppes et forêts, une multitude de tribus de race et de religion différente, se distinguant entre elles par leur développement moral et le degré de leur culture intellectuelle, la Russie offre un champ d'investigations plein d'intérêt pour le statisticien démographe comme pour le statisticien économiste. Le premier s'inspirera d'un profond intérêt pour l'étude de l'influence qu'exercent les conditions physiques des races sur les lois du mouvement et de l'accroissement de la population, de l'influence que les différents degrés du développement intellectuel ont sur la manifestation de la nature morale de l'homme. Un intérêt non moins grand est présenté au statisticien économiste par la diversité des rapports de la population à l'espace, depuis une densité de population égale à celle de certaines parties centrales de l'Europe jusqu'à l'extrême minimum et par les différentes espèces de l'activité humaine, depuis l'élevage du bétail des nomades du sud-est, l'oisellerie et la chasse des habitants de l'extrême nord jusqu'à la plus haute manifestation de l'activité intellectuelle et technique.

» La régularité, l'ordre systématique et l'uniformité des observations statistiques recueillies sur toute l'étendue de la Russie, et sur une population de quatre-vingts millions d'habitants, fourniront à la science des matériaux riches et précieux, et serviront à élargir les déductions de la statistique, ainsi qu'à élucider et éclaircir plus d'une question contestée et douteuse.

» En m'inspirant de ces considérations et fermement convaincu que vos travaux ne sauraient que contribuer au profit de la science et de ma patrie, j'ai l'honneur, Messieurs, de vous souhaiter la bienvenue, au nom du gouvernement de mon auguste frère, et je déclare la session du congrès ouverte. »

Le remarquable discours de Son Altesse Impériale est accueilli par de longs et unanimes applaudissements.

M. le prince Lobanow-Rostovsky, président, prie ensuite l'assemblée de constituer le bureau définitif.

M. Farr propose de maintenir le bureau provisoire comme bureau définitif.

Cette proposition est adoptée par acclamation.

M. Sémenow, vice-président, remercie M. Farr et le congrès de l'honneur qui est témoigné au bureau, et invite l'assemblée à nommer, conformément à ses usages, des vice-présidents pris parmi les doyens de la science et les délégués des principaux pays de l'Europe. Ce sont :

Pour la *Belgique*. . . . . . . M. Quetelet;
— l'*Angleterre* . . . . . . M. Farr;
— la *Prusse* . . . . M. Engel;
— la *France* . . . . M. Levasseur;
— les *États-Unis*. . . . . . M. Young;
— l'*Italie* . . . . M. Correnti;
— l'*Autriche* . . . . M. Ficker;
— la *Hollande*. . . . . . MM. Vissering et von Baumhauer;
— l'*Espagne* . . . . M. Pascual;
— le *Danemark* . . . . . . M. Charling;
— la *Suède*. . . . . M. Berg;
— l'*Empire allemand* . . . . M. Meitzen;
— la *Hongrie*. . . . . . . M. Keleti;
— le *Brésil* . . . . M. Varnhagen;
— le *Portugal* . . . . . . M. le vicomte de Figanière;
— la *Suisse* . . . . M. Max Wirth;
— la *Grèce*. . . . . M. Mansolas.

Cette proposition est accueillie par les applaudissements de l'assemblée.

M. Farr prend ensuite la parole pour rappeler que la session de Londres a été ouverte également par un prince du sang, Albert le Bon. Un auguste frère de S. M. l'Empereur daigne ouvrir la session de Saint-Pétersbourg, et dans cet insigne honneur fait au congrès, on doit voir la preuve que le souverain de la Russie s'intéresse au développement et au progrès de la statistique dans son vaste Empire. L'orateur espère que, sous les auspices de Son Altesse Impériale, les travaux du congrès produiront des résultats féconds, non-seulement pour la Russie, mais encore pour tous les pays représentés à la réunion.

L'assemblée tout entière s'associe aux paroles de M. Farr, et prouve, par des applaudissements réitérés, combien elle partage les sentiments que vient d'exprimer le savant délégué de l'Angleterre.

M. Sémenow rappelle qu'il est dans les usages du congrès, à l'ouverture de chaque session, de rendre hommage à la mémoire des statisticiens morts depuis la dernière réunion. Il exprime d'abord les regrets profonds causés par la mort de M. Maëstri, l'un des promoteurs du congrès d'Italie, et rappelle en quelques mots les mérites de cet homme éminent.

M. Quetelet s'associe à l'éloge que M. Sémenow vient de faire de M. Maëstri.

M. Sémenow consacre une courte notice nécrologique à l'un des statisticiens les plus distingués de la Russie, mort dans le courant de l'année dernière, M. Troïnitzky.

M. Ficker rappelle les services rendus à la science par plusieurs statisticiens autrichiens, décédés depuis la session de La Haye. Ce sont : MM. le professeur Springer, Frédéric Stein, directeur du bureau de statistique de Vienne, et le chevalier Valentin Strefleur.

M. von Baumhauer rend hommage à la mémoire de M. Soudeman, statisticien remarquable du Danemark, mort quelques mois après le congrès de La Haye.

Il annonce, en même temps, que l'honorable M. David, âgé de plus de 80 ans, lui a fait part des regrets qu'il éprouve de ne pouvoir, à cause de sa santé, assister au congrès de Saint-Pétersbourg; M. von Baumhauer demande que le congrès témoigne, par des applaudissements, de sa sympathie pour M. David. (*Applaudissements prolongés.*)

M. de Buschen fait l'éloge de M. Schnitzler, qui a consacré presque toute sa vie à l'étude de la Russie.

M. Farr rappelle le décès de M. Charles Babbage, l'un des amis d'Herschel et l'un des fondateurs de la Société de statistique de Londres.

M. Quetelet ajoute quelques paroles pour rendre hommage à la mémoire de M. Babbage.

La séance est ensuite levée, puis les délégués officiels se rendent dans leurs sections respectives.

SECONDE SÉANCE GÉNÉRALE.

Le 28 août, à 11 heures un quart, a lieu la seconde assemblée générale, sous la présidence de M. le prince Lobanow-Rostovsky. Cette séance est honorée de la présence de S. A. I. Monseigneur le Grand-Duc Constantin, qui prend place dans la loge impériale.

M. Bodenheimer donne d'abord, au nom de la 1re section, lecture du rapport sur la question du recensement de la population. Les conclusions en sont adoptées.

M. Mayr procède, au nom de la 3me section, à la lecture du rapport sur la question de l'enregistrement des données de la statistique criminelle. Les propositions de la section sont admises, de même que celles qu'elle présente, ensuite, par l'organe de M. Yvernès, sur la question des casiers judiciaires.

M. Janhson communique, au nom de la 2me section, le rapport relatif à l'enregistrement et à la publication des faits concernant le mouvement de la population sans distinction de religion.

Le congrès adopte les conclusions de ce rapport.

M. Sémenow donne lecture d'une proposition de M. Quetelet et du commodore Maury, au sujet d'un vaste réseau d'observations à faire sur terre, selon les procédés déjà suivis sur mer.

Une sous-commission, composée de MM. Quetelet, le baron d'Osten-Sacken, l'amiral Gorkovenko et Sémenow, a examiné la proposition de M. Maury, lequel demande l'organisation d'un certain nombre de stations météorologiques pour faire des rapports mensuels sur l'état de l'atmosphère et des moissons. M. Sémenow présente, au nom de cette commission, le rapport suivant :

« L'honorable M. Quetelet, vice-président du congrès, a communiqué à l'avant-congrès une lettre et une brochure qui lui ont été adressées par M. Maury, en date de Lexington (État de Virginie), le 21 juin 1872. Il s'agit d'un discours que M. le commodore Maury a prononcé, le 17 octobre 1871, à une réunion de la Société d'agriculture de Memphis et dans lequel il a proposé d'organiser un vaste réseau d'observations sur l'état de l'atmosphère et des moissons dans les différentes parties du globe.

» L'illustre promoteur de la physique de la mer voudrait inaugurer, sur les continents, un système à peu près pareil à celui qu'il est parvenu à établir sur les mers, où des milliers de navigateurs viennent en aide à l'Observatoire central de Washington et fournissent des matériaux qui sont utilisés ensuite dans l'intérêt de la marine et du commerce universel.

» Voici en quelques mots le plan de M. Maury :

« Au commencement, on pourrait se contenter d'un certain nombre de stations météorologiques et d'observateurs afin de faire des rapports mensuels sur le temps et les récoltes. Un *crop reporter* spécial pour chaque district de 10,000 milles carrés serait tenu de parcourir continuellement son district, de se mettre en relation avec les agriculteurs intelligents et de tenir l'office central au courant de l'état des moissons.

» Le commodore Maury calcule qu'il faudrait cinq *crop reporters* pour l'État de Tennessee, autant pour celui de l'Alabama, douze pour la Grande-Bretagne, dix-neuf pour la France, un pour la Belgique, etc.

» Ce n'est du reste qu'en étendant ce système d'observations à l'univers entier qu'on pourrait obtenir de son institution les bienfaits incalculables qu'il promet pour l'agriculture et pour le commerce en général.

» C'est sur ce point que M. Maury insiste tout particulièrement et il espère trouver cette fois encore le chaleureux concours qui lui a permis, il y a vingt ans, de mener à bonne fin sa grande œuvre maritime (1).

(1) On sait que le premier congrès *maritime* organisé pour tous les marins du globe, et que le premier congrès pour la *statistique internationale* de toutes les nations, eurent lieu à Bruxelles, et à deux mois de distance seulement, pendant l'été de 1853. Le premier de ces congrès, qui eut tant de retentissement, avait été organisé par M. Maury : M. Quetelet en fut président, de même que du congrès de statistique. Les résultats de ces congrès furent imprimés bientôt après, par les soins du ministère de l'intérieur de Belgique. On sait que le grand ouvrage de M. Maury : *Sailings directions*, parut ensuite dans presque toutes les langues. On a compté jusqu'à dix éditions anglaises différentes de ce travail, publiées avec le plus grand soin et accompagnées des plans et cartes nécessaires.

» La Société d'agriculture de Memphis (Amérique) a pris les résolutions suivantes sur la proposition de M. le commodore Maury :

» Le président de la Société fera des démarches auprès du gouvernement, au nom des fermiers de l'État de Tennessee, afin qu'il soit établi, par voie d'entente internationale, un plan général et systématique d'observations météorologiques et de rapports sur les moissons.

» Les principaux météorologistes des différentes nations seront invités à se réunir le plus tôt possible en conférence, comme ils l'ont fait en 1853, à l'effet : 1° de relier le projet actuel au système maritime déjà adopté; 2° de fixer les détails; 3° de concerter un système télégraphique général d'observations météorologiques et de rapports sur les moissoins.

» On pourra de cette manière étendre la connaissance des lois qui régissent les changements atmosphériques et donner le moyen de faire, à des intervalles rapprochés, des calculs de prévoyance par rapport au temps et aux moissons des diverses contrées du monde.

» Le président de la Société est invité à demander au gouvernement de venir en aide à ce système d'observations, en facilitant l'exécution du plan qui sera adopté par la conférence et en introduisant ce système à bord des croisières de l'État.

» La commission nommée par la 1re section pour examiner les propositions de M. Maury, considérant la grande importance de cette proposition pour la production en général, pour le commerce et notamment pour l'échange facile et régulier des céréales entre les différents pays, a l'honneur de soumettre au congrès la proposition suivante :

Le congrès exprime sa sympathie pour les idées émises par M. le commodore Maury et il invite Messieurs les délégués officiels des gouvernements à appeler l'attention des différentes institutions gouvernementales et des sociétés savantes sur l'importance de la réalisation du projet de M. Maury et sur la nécessité de déterminer pour chaque pays le mode de cette réalisation. »

L'assemblée générale adopte cette résolution, et sur le désir de M. Levasseur, elle déclare que par ce vote elle entend que les délégués officiels insistent auprès des gouvernements, non pour que les chefs des bureaux de statistique soient chargés de la météorologie, mais pour qu'il y ait entre tous les météorologistes et les sociétés savantes qui s'occupent de ces questions, un vaste réseau permettant d'embrasser et la terre et la mer dans des observations uniformes (1).

(1) La mort inopinée de M. Maury, arrivée au mois de février de cette année, a fait craindre un instant la non-réalisation du beau projet de l'illustre marin; nous osons espérer, aujourd'hui, que l'idée si favorablement accueillie à St-Pétersbourg recevra, d'ici à peu de temps, son exécution et qu'elle procurera tous les avantages qu'on est en droit d'en attendre.

M. le Dr Brédow donne ensuite, au nom de la 1re section, lecture du rapport sur la question du développement physique de l'homme en général et de ses membres en particulier.

Les conclusions en sont adoptées.

M. le Dr Benezet présente le rapport sur la question relative à la statistique sanitaire. La discussion de ce document est remise au lendemain.

TROISIÈME SÉANCE GÉNÉRALE.

La troisième assemblée générale est ouverte, le 29 août, sous la présidence de l'honorable général Greig.

L'ordre du jour appelle la présentation et la discussion des rapports des sections et sous-commissions.

M. de Sterlich, au nom de M. Tagantzew, communique le rapport de la 5me section sur la question relative à la nomenclature des crimes.

Les conclusions de ce rapport sont mises aux voix et adoptées.

Une décision semblable est prise au sujet du rapport concernant la statistique sanitaire, présenté par M. le Dr Benezet.

M. Hunfalvy dépose le rapport sur la question des registres de population. Les conclusions en sont adoptées.

M. Engel lit le rapport de la 3me section sur la statistique générale de l'industrie. Ce document, ne donnant lieu à aucune observation, est approuvé par le congrès.

L'assemblée entend encore la lecture des rapports suivants, dont les conclusions reçoivent l'assentiment général :

1° De M. Andréïew, au nom de la 3me section, sur la classification des industries;

2° De M. Huppé, au nom de la 2me section, sur les registres spéciaux de la prostitution;

3° De M. Korosi, au nom de la même section, sur la statistique de la mortalité dans les grandes villes;

4° De M. Skalkovsky, au nom de la sous-commission de la 3me section, sur la statistique des mines et usines.

La parole est donnée à M. Yvernès, pour lire le rapport présenté au nom de la sous-commission de la réunion des délégués officiels [1], relativement à la composition et

[1] Voir, page 118, les noms des membres faisant partie de cette sous-commission.

aux attributions de la commission permanente du congrès international de statistique.

Voici les conclusions de ce rapport :

1° Il est créé une commission permanente du congrès international de statistique (¹).

2° *Cette commission se compose des membres chargés de préparer le plan d'une statistique internationale.* Les pays qui ne figurent pas dans la répartition du travail de statistique internationale ont le droit de nommer leurs délégués à la commission permanente.

3° Le président de la commission est, de plein droit, d'un congrès à l'autre, l'organisateur de la dernière session (²).

4° Le président nomme son secrétaire.

5° La commission permanente se réunit au moins une fois entre deux sessions générales du congrès.

Elle a pour mission :

a. De demander des renseignements sur la mise à exécution des décisions et des vœux du congrès dans les divers pays et sur les difficultés que présente la réalisation de ces décisions et de ces vœux; d'examiner si ces difficultés ne motivent pas une révision des décisions adoptées.

b. De poursuivre l'assimilation des publications statistiques dans les différents pays, en tant qu'il est nécessaire pour la formation de la statistique internationale.

c. D'appeler l'attention de la commission organisatrice sur les questions à débattre à la session suivante et de collaborer au programme de cette session.

d. D'effectuer des enquêtes internationales pour présenter à la commission organisatrice de la session générale suivante des rapports sur l'état, dans tous les pays, des branches de statistique auxquelles se rapportent les questions proposées; toute présentation de rapport à l'assemblée générale du congrès, sur une question quelconque, devra être précédée d'une enquête internationale.

e. D'exécuter les travaux internationaux collectifs dans le genre de celui qui a été entrepris au congrès de La Haye, et de résoudre les questions qui se rapportent à l'exécution de ces travaux et d'en arrêter les programmes.

f. De reviser la rédaction des décisions du congrès.

(¹) A la suite des sept premières sessions que l'on avait eues pendant les vingt années depuis l'organisation des congrès, les membres les plus assidus croyaient, avec raison, avoir à se plaindre de l'espèce de vide qui se trouvait encore entre les sessions de deux congrès successifs : on crut devoir remédier à cet inconvénient en nommant une commission permanente, chargée de décider des questions les plus importantes qui pourraient surgir.

(²) Ainsi, M. de Sémenow, le savant et habile organisateur du congrès de St-Pétersbourg, sera le premier directeur de la commission permanente. Il aura à consulter les membres de cette commission, lorsqu'il jugera leur concours nécessaire.

Après une courte discussion, les propositions ci-dessus sont mises aux voix et adoptées.

La séance se termine par la lecture du rapport de M. Schwabe, sur l'application de la méthode graphique aux opérations statistiques.

Les conclusions de ce rapport, après avoir subi quelques modifications proposées par MM. de Sémenow, Mayr, Engel et Forgues, reçoivent l'approbation de l'assemblée.

JEUDI, 29 AOUT. — RÉUNION DES DÉLÉGUÉS OFFICIELS.

La seconde réunion générale a été suivie d'une séance pour les délégués officiels seulement, afin de constater l'état des travaux statistiques accomplis jusqu'à présent, d'après le programme arrêté au congrès de La Haye.

Territoire (Russie et Finlande). — Conformément à l'ordre adopté, M. de Sémenow, président, prend le premier la parole, pour exposer les travaux qui ont été faits en ce qui concerne le territoire de la Russie et de la Finlande.

État de la population (Suède). — M. Berg, délégué de la Suède, présentera un rapport quand les renseignements qu'il a demandés lui seront parvenus.

Nationalités (Autriche). — M. Ficker présente des observations relatives à la nationalité autrichienne.

Causes de décès et hygiène (Angleterre). — M. Farr expose brièvement l'état de cette question en Angleterre.

M. le président reconnaît que l'on peut dire que la Russie n'a pas encore l'enregistrement des causes de décès dans tout l'Empire. Un essai général d'enregistrement a cependant été introduit à St-Pétersbourg.

Tables de mortalité (Belgique). — M. Quetelet présente un mémoire imprimé, renfermant les tables de mortalité qui lui ont été demandées par le congrès. Il a pu y ajouter, grâce à l'obligeance de sept de ses confrères les plus exercés, qui se trouvent en ce moment dans l'assemblée, des tables pour les deux sexes, ainsi que pour les différents âges. Ce sont les seules tables générales qui puissent inspirer une véritable confiance. Celles qui ont été dressées par des sociétés d'assurances ne présentent aucune garantie, aucune homogénéité, par le fait même qu'elles sont incomplètes.

M. Quetelet signale également, au sujet de ces tables, un fait des plus dignes d'attentions : c'est que la mortalité n'est point accidentelle, comme on pourrait le croire, mais qu'elle est réglée, comme toutes les facultés humaines, par une loi des plus remarquables, et des plus simples en même temps. Cette loi se déduit de la formule du binome de Newton, et, pour cette raison, M. Quetelet l'appelle : *loi binomiale*.

Propriété foncière non bâtie (France). — M. Levasseur déclare que la France accepte ce travail, mais que les circonstances l'ont empêchée de s'en occuper.

Propriété foncière bâtie (Bavière). — M. Mayr fait connaître qu'il a réuni des matériaux pour le travail; que, pour les bâtiments dans lesquels il y a des logements d'hommes, les renseignements sont suffisants, mais qu'ils sont très-défectueux quant aux bâtiments en général. Il enverra un programme à ses collègues et espère remplir les lacunes qui existent dans les documents recueillis.

Agriculture, bétail (France). — Même observation que pour la propriété foncière non bâtie.

Viticulture (Hongrie). — M. Keleti annonce qu'un programme a été rédigé et envoyé aux bureaux étrangers. Dès qu'il aura reçu les renseignements, on mettra la main à l'œuvre. Les documents pour la Hongrie sont demandés aux municipalités.

Sylviculture : chasse (Bade). — M. Mayr fait connaître que M. Hardeck a exprimé le désir d'être déchargé de la statistique de l'armée; quant aux autres parties réservées au grand-duché de Bade, elles seront traitées.

Mines et usines (Russie). — M. le président annonce que pour cette branche, comme pour la question du territoire, un programme a été dressé et envoyé aux bureaux de statistique.

Industrie (Allemagne). — M. Engel fait connaître que le travail relatif à la statistique industrielle sera entrepris sans retard.

Commerce d'exportation et d'importation (Angleterre). — M. Reader-Lack dépose des tableaux d'essai qui ont été établis par l'Angleterre pour le commerce extérieur et qui doivent servir de modèle à un travail international.

Navigation maritime (Norwége). — M. Kiaer présentera un rapport dès que les documents dont il a besoin lui seront parvenus.

Navigation fluviale (Russie). — M. le président déclare qu'il est entendu que la navigation et les transports par fleuves et canaux seront faits par la Russie pour l'ancien monde et par l'Amérique pour le nouveau. Un volume a déjà été publié sur la Russie. Un autre est sous presse.

Transports : postes et télégraphes (Danemark). — M. Scharling dit que M. Fabricius, qui s'est chargé de ce travail, n'a pu encore le terminer.

Assurances sur la vie (Prusse et Thuringe). — M. Engel constate que la statistique des assurances sur la vie est très-difficile à faire. Il rappelle, en même temps, que cette question, qui avait d'abord été attribuée à la Prusse, a été remise à l'Amérique.

M. Barnes se charge de la traiter, et, avec l'aide de ses collègues, il espère mener le travail à bonne fin.

Assurances contre l'incendie (Bavière). — M. Mayr déclare également que cette statistique présente beaucoup de difficultés.

Assurances agricoles (France). — M. Levasseur fait remarquer que la France ayant déjà beaucoup de travaux, on pourrait peut-être remettre cette question à un des pays qui n'ont pas encore de part au travail international.

M. Penkovitch (Roumanie) déclare accepter cette tâche.

Assurances des transports (Hambourg). — M. Versmann fait connaître qu'il a demandé des renseignements à tous les pays, aux autorités locales de soixante-dix-sept villes et à quatre-vingt-douze sociétés; quatre pays seulement lui ont répondu et trente-neuf sociétés lui ont envoyé leurs rapports annuels, lesquels ne contiennent que des renseignements tout à fait insuffisants. Il demande si, en présence de l'impossibilité d'avoir des renseignements complets, il ne conviendrait pas de supprimer cette question du programme.

M. Engel est d'avis qu'il faut maintenir la question; les renseignements qu'on n'a pu obtenir jusqu'à présent, on les aura peut-être dans un ou dans deux ans.

M. Barnes annonce qu'il donnera à M. Versmann les renseignements pour l'Amérique.

M. le président déclare qu'il fournira aussi, pour la Russie, tous les renseignements possibles.

Institutions de crédit et banques populaires (Suisse). — M. Max Wirth a réuni depuis longtemps beaucoup de matériaux; un volume même est sous presse; mais un travail complet n'a pu être fait parce que les grands États de l'Europe n'ont pas répondu aux questionnaires qui leur ont été envoyés.

M. Bodenheimer exprime l'avis qu'en ce qui concerne la statistique des assurances sur la vie et des institutions de crédit, on parviendrait à réunir facilement les matériaux nécessaires, si l'on imposait aux sociétés, comme on le fait dans certains cantons de la Suisse, l'obligation de remettre un exemplaire de leurs statuts et de leurs comptes-rendus.

Caisses d'épargne et d'assistance publique (Italie). — M. Bodio rend compte des travaux qui ont été faits en Italie, travaux momentanément suspendus par la mort de M. Maëstri, mais qui ont été repris depuis lors et qui sont très-avancés.

Caisses de secours mutuels (Prusse). — M. Engel, qui a assumé cette tâche pour tout ce qui touche à l'industrie et aux mines, voudrait avoir un collaborateur. Il demande que M. Bodenheimer lui soit adjoint pour ce travail.

M. Bodenheimer accepte cette mission.

Instruction publique (Autriche). — M. Ficker présente un programme pour la statistique internationale de l'instruction publique.

Justice civile et commerciale (France). — M. Yvernès rappelle qu'il a déposé un exemplaire du programme relatif à la justice civile et commerciale de la France et qu'il n'a encore reçu de questionnaire que de la Belgique, de la Suède et de la Norwége.

M. Keleti déclare qu'il a aussi reçu très-peu de questionnaires. Il craint que quelques-uns ne se soient égarés. Il propose que, dans ce cas, on adresse de nouvelles demandes.

M. Yvernès voudrait que chaque bureau accusât réception des demandes qui lui sont faites. (*Assentiment.*)

M. Engel rappelle que MM. Schwabe et Körosi se sont chargés de la rédaction de la statistique des grandes villes.

La séance est levée à 6 heures.

QUATRIÈME SÉANCE GÉNÉRALE.

Le lendemain, 30 août, a eu lieu la dernière assemblée générale du congrès. Comme la seconde, elle était présidée par M. le prince Lobanow-Rostovsky.

Trois rapports y sont d'abord présentés, au nom de la 4me section, et approuvés :

1° Celui de M. Thœrner sur la question de la statistique du commerce extérieur;

2° De M. Caignon sur les règles à suivre dans la classification des marchandises;

3° De M. Poggenpohl sur la statistique des postes.

M. Brabo expose ensuite à l'assemblée l'état des travaux statistiques exécutés dans la République argentine. Cette communication est écoutée avec intérêt.

L'ordre du jour appelle la discussion sur la fixation du lieu où se rendra le prochain congrès.

M. Keleti annonce que S. M. l'Empereur d'Autriche et Roi de Hongrie a daigné, par sa décision souveraine du 11 juillet dernier, permettre aux représentants de la Hongrie au congrès de proposer, comme lieu de la prochaine réunion, la capitale de ce pays, Bude-Pesth (*Applaudissements*). Il déclare que si le congrès veut bien accueillir cette proposition, son pays, sans vouloir lutter avec la Russie en générosité, en opulence et en splendeur, se montrera son digne émule en hospitalité, en cordialité et en dévouement à la science si dignement représentée par le congrès.

M. Young adresse à l'assemblée, de la part des institutions de son pays, de son gouvernement et du peuple de l'Amérique, l'invitation de se réunir la prochaine fois aux États-Unis.

MM. Max Wirth et Bodenheimer engagent vivement le congrès à tenir sa prochaine session en Suisse.

M. Engel rappelle qu'il n'est pas dans les usages que le congrès désigne lui-même le lieu de sa prochaine réunion; qu'il doit s'en rapporter pour cela à la commission organisatrice.

M. Farr est également de cet avis.

M. Quetelet, tout en exprimant son vif désir de voir l'Europe et l'Amérique s'unir sur le terrain des études statistiques, estime qu'il y aurait un grand danger à transporter le futur congrès aux États-Unis. L'Europe n'a pas encore accompli son œuvre ; il faut d'abord qu'elle établisse chez elle l'unité des travaux statistiques, avant que le congrès se réunisse dans une autre partie du monde, qui opère sur des données toutes différentes de celles de l'ancien continent.

Après quelques remarques encore, présentées par MM. Block, Keleti, etc., M. le président demande si l'assemblée se rallie à la proposition de laisser à la commission organisatrice le soin de désigner le lieu de la prochaine session du congrès. (*Adhésion.*)

La séance, suspendue à midi un quart, est reprise à midi et demi, sous la présidence de S. A. I. Monseigneur le grand-duc Constantin.

M. le prince Lobanow-Rostovsky a le premier la parole, pour faire connaître que MM. les membres du congrès l'ont prié d'être l'interprète de leur reconnaissance auprès des gouvernements des États-Unis, de Suisse et de Hongrie, qui ont bien voulu offrir l'hospitalité au prochain congrès de statistique. « Je puis ajouter de mon côté, dit-il, que la commission organisatrice, qui, aux termes de la résolution que vous venez d'adopter, aura à statuer en dernier lieu sur le choix de la ville où se réunira le prochain congrès, prendra en sérieuse considération les observations qui viennent d'être faites. »

« Avant de nous séparer, dit M. Levasseur, il n'est peut-être pas inutile d'employer les quelques minutes qui nous restent encore, à faire un examen de conscience, à voir ensemble ce que nous avons fait, et surtout si nous avons fait ce qu'il nous était possible d'accomplir. Notre session est la huitième de ce congrès, dont l'organisation première est due à notre vénéré doyen, M. Quetelet. » (*Applaudissements prolongés.*)

« Permettez-moi, répond M. Quetelet, d'exprimer en quelques mots toute ma reconnaissance pour l'estime que vous voulez bien me témoigner. Je suis infiniment touché de votre accueil. Ne demandez pas que je vous donne une autre expression de ma gratitude. Les mots me manqueraient. » (*Nouveaux applaudissements.*)

« Cet hommage que nous rendons au savant, continue M. Levasseur, est un hommage que nous rendons en même temps à la science, car c'est M. Quetelet qui, le premier, a contribué à faire de la statistique une science morale. C'est cette étude d'une science morale que nous poursuivons depuis huit sessions, en essayant, comme il arrive dans toutes les choses humaines, d'améliorer peu à peu notre œuvre et de la rendre plus profitable à tous. Vous avez cherché sans cesse, Messieurs, à perfectionner, à simplifier surtout notre œuvre, car la simplicité est en général la dernière chose à laquelle on arrive dans le domaine de la science... »

MM. Engel et Farr remercient ensuite, au nom de l'assemblée, la commission organisatrice du congrès, ainsi que MM. le prince Lobanow-Rostovsky, le général Greig et Sémenow (¹), qui se sont inspirés de la pensée de S. A. I. le président d'honneur. — De

(¹) M. de Sémenow avait été le principal ordonnateur du congrès ; aussi lui doit-on de vifs remerci-

longs et bruyants applaudissements succèdent à leurs paroles, et principalement lorsque M. Farr rappelle la brillante hospitalité offerte par la Russie aux délégués officiels et à tous les étrangers en général [1].

S. A. I. Mgr le grand-duc Constantin Nicolaïévitch, président d'honneur, prend alors la parole en ces termes :

« Messieurs,

» Vous avez terminé votre tâche. Vous avez soumis à une critique judicieuse et éclairée les propositions formulées par la commission organisatrice de la session, et vous leur avez donné, en les modifiant plus ou moins, une sanction définitive.

» J'ai suivi vos travaux avec l'attention et l'intérêt qu'ils méritent, et j'espère que vos décisions, étant à la hauteur de la science et reposant sur un terrain pratique, ne rencontreront pas d'obstacles à leur application. Les problèmes de la statistique internationale se rapprochent chaque jour davantage de leur solution, et je forme les vœux les plus sincères pour la réalisation prochaine de l'œuvre du congrès.

» En vous disant adieu, Messieurs, je dois vous remercier des sympathies qui ont été si éloquemment exprimées au nom du congrès par les honorables MM. Levasseur, Engel,

ments pour la part qu'il a prise aux travaux de la commission organisatrice, travaux qui ont facilité considérablement les débats et permis de rendre la session de Saint-Pétersbourg des plus fructueuses.

[1] C'est ici le lieu de rappeler combien ce pays fit grandement les choses; il reçut ses invités, non-seulement avec amitié, mais aussi avec la plus remarquable splendeur. A partir de l'instant de leur entrée dans l'empire, jusqu'au moment de leur sortie, toutes les dépenses pour les transports et pour les logements furent généreusement payés par lui, et les étrangers furent constamment considérés comme des hôtes. Des fêtes et des dîners nombreux leur furent offerts et des voitures particulières mises à leur disposition.

S. A. I. Monseigneur le grand-duc Constantin, l'illustre frère de l'Empereur de toutes les Russies, voulut bien recevoir les représentants des différentes nations et s'entretenir avec eux de la manière la plus aimable. Les officiers de sa suite, et particulièrement MM. le prince Lobanow et le général Greigh, se montrèrent dignes d'un prince aussi distingué; mais il serait difficile d'exprimer avec quelle amabilité la grande-duchesse Hélène, dont on a eu à déplorer la perte récemment, invita les savants étrangers à son magnifique palais de Saint-Pétersbourg et à sa belle campagne, voisine de la capitale.

Chaque jour, après les travaux de la réunion internationale, était consacré à des plaisirs et à des excursions sur la mer, ou à des fêtes telles que le lancement d'un des plus grands bâtiments que l'on ait construits.

Le 31 août, après la clôture des travaux du congrès, les membres étrangers se rendirent par un train spécial à Moscou, où ils furent reçus, avec une affabilité et une bonté touchantes, par S. E. M. le prince Dolgorouki, gouverneur général. Ce haut fonctionnaire, l'un des hommes les plus éclairés et les plus distingués que nous avons eu l'occasion de rencontrer en Russie, voulut bien nous inviter à une grande fête, dont nous avons certes tous emporté le plus agréable souvenir.

Farr, Meitzen et Correnti, et je vous prie de voir dans mon discours une preuve, non-seulement de mon estime personnelle, mais encore de celle de mon auguste frère et souverain et de son peuple pour la science et pour ses illustres représentants.

» Les congrès semblables à celui dont les séances vont être closes aujourd'hui, constituent un des traits les plus caractéristiques et les plus lumineux de notre époque. Les hommes de savoir et d'expérience, les hommes d'opinions diverses dans la sphère de la vie pratique, venant des parties les plus lointaines du monde civilisé se réunir sur le terrain neutre de la science, s'affermissent dans une estime mutuelle; ils reportent cette estime des individus aux nations mêmes dont ils sont les représentants, et contribuent ainsi à resserrer les liens entre les peuples.

» En puisant dans ce sentiment une force nouvelle, et en se reposant en quelque sorte des labeurs de leur vie quotidienne, les hommes de science contribuent par ces réunions à la propagation des connaissances positives et servent encore plus leur but, qui est la recherche de la vérité et le progrès de l'humanité.

» En vous réitérant encore, Messieurs, l'expression de ma gratitude la plus vive, je déclare close la huitième session du congrès international de statistique. »

Les paroles de Son Altesse Impériale furent accueillies par de longs et unanimes applaudissements.

AVENIR DE LA STATISTIQUE.

« A l'heure qu'il est, tous les gouvernements ont reconnu la valeur de la *statistique*, et ne reculent plus devant les moyens d'en améliorer les institutions, non plus que d'élargir la sphère des investigations de cette science. » Telles sont les nobles expressions dont se servait, dans la séance d'ouverture de notre dernier congrès, S. A. I. le Grand-Duc Constantin. « Permettez-moi, ajoutait-il, d'exprimer l'espoir que le progrès de la statistique en Russie sera en même temps celui de la *science statistique* en général... Ce n'est point d'une conviction théorique que je m'inspire, mais bien d'une expérience personnelle et toute pratique que j'ai acquise comme président du conseil de l'empire. »

Ces paroles pleines de noblesse, exprimées par un des Princes les plus instruits et les plus éclairés de notre époque, pourront rassurer bien des personnes craintives encore sur l'avenir d'une science qui prend, de jour en jour, des accroissements nouveaux, et qui a été cultivée, depuis son origine, par les penseurs les plus profonds, en commençant par l'illustre Pascal, l'un de ses premiers propagateurs.

Cependant, il faut en convenir, la statistique n'a pas reçu tout le développement qu'une science aussi utile et aussi intéressante devait prendre : peut-être la faute en est-elle à ceux qui s'en occupent. On se borne à désigner les faits que nous dévoile la statistique actuelle et l'on s'obstine encore à les considérer comme n'étant unis entre eux par aucun lien scientifique.

Qu'on me permette de joindre ici, à mon travail, quelques observations qui tendront, je pense, à faire voir les choses sous un tout autre point de vue. Quelques-unes de ces observations ont été énoncées par moi, depuis près d'un demi-siècle, sans qu'on ait pris garde à leur nouveauté, et peut-être à cause de cette nouveauté même. J'aime à croire qu'on ne refusera pas d'en prendre connaissance : aujourd'hui surtout, si j'ajoute que plusieurs de mes résultats ont été admis et vérifiés par les calculateurs et les observateurs les plus habiles; je citerai, entre autres, avec un sentiment de reconnaissance, le savant sir John Herschel, dont la science pleure encore la perte (¹).

Depuis longtemps j'ai fait voir, avec le sentiment de la conviction la plus profonde, que *les tailles humaines, quoique paraissant développées de la manière la plus accidentelle, sont néanmoins soumises aux lois les plus exactes; et que cette propriété n'est pas particulière à la taille : qu'elle se remarque encore dans tout ce qui concerne le poids, la force, la vitesse de l'homme, dans tout ce qui tient, non-seulement à ses qualités physiques, mais encore à ses qualités morales et intellectuelles.* Ce grand principe qui régit l'espèce humaine, et qui, tout en diversifiant les effets de ses qualités, donne à celles-ci assez de jeu pour montrer que tout se règle sans l'intervention du vouloir de l'homme, nous paraît une des lois les plus admirables de la création (²).

C'est un grand avantage déjà que de parvenir à réduire l'universalité de méthodes et d'études à un seul et même principe, qui en forme pour ainsi dire la clef; et d'éviter, de la sorte, cette disparité de systèmes qui menaçait d'écarter constamment la statistique de son but véritable.

On s'était occupé, d'abord, et la statistique ancienne nous le prouve, de comparer et les hommes et les choses d'un même pays, pour arriver à la connaissance de la *statistique de ce pays;* on a voulu connaître ensuite leur manière d'être dans les diverses contrées, et, pour la première fois, on s'est occupé de la statistique comparée ou de la statistique *internationale.* On voit que la statistique ne faisait que réunir, pour la science, les phénomènes des développements du corps soit dans un même pays, soit dans plusieurs pays, en établissant des comparaisons.

Il se présente ici des études intéressantes qui nous permettent de reconnaître combien on aurait tort de fixer prématurément, par une dénomination spéciale, la nature d'une science qui n'existe pas encore : elle ne semble effectivement que résumer des faits qui appartiennent à l'humanité tout entière, et qui n'ont pu jusqu'à présent, malgré leur utilité, fixer suffisamment l'attention de l'observateur pour l'engager à en faire une étude spéciale.

Faut-il maintenant, pour une science qui n'est pas encore complétement acquise, adopter une dénomination qui pourrait être plus vicieuse que celle qu'on remplace et qu'on voudrait corriger? nous ne le pensons pas.

Je suppose que, dans une de nos villes, on compte annuellement 1,000 habitants de l'âge de 20 ans. Ces mille hommes élevés dans des classes différentes, avec des habitudes

(¹) Voyez l'Introduction imprimée en tête du tome Ier de la *Physique sociale*, par A. Quetelet (in-8 . Bruxelles, 1869), et intitulée : SUR LA THÉORIE DES PROBABILITÉS *et ses applications aux sciences physiques et sociales, par sir* JOHN HERSCHEL, *associé de la Société royale de Londres.*

(²) *Physique sociale*, tome I, page 129.

diverses, varient considérablement entre eux : les uns sont grands, les autres petits, etc. Ces particularités, on les connaît, mais ce qu'on ignore, c'est leur manière d'être les unes par rapport aux autres. Partout où existe la conscription, l'homme est mesuré avec soin, pour la taille par exemple, ainsi que pour la force; on juge ceux qui sont propres au service, et qui peuvent paraître avec avantage dans tel ou tel corps, suivant les exigences de l'arme; mais on ne s'occupe nullement de rechercher s'il peut exister des *grandeurs déterminées* entre tous ces hommes. On semble même croire qu'il y aurait avilissement pour l'homme de le supposer réduit à un état aussi mécanique. Cet état existe cependant, et, comme nous venons de le dire, il n'existe pas seulement pour la taille, mais encore pour le poids, pour la force, pour la vitesse de marche, etc.; et non-seulement il existe pour les qualités du corps, mais aussi pour les qualités de l'intelligence, pour les qualités morales : chacune de nos qualités est distribuée dans une certaine mesure, qu'il a été possible d'estimer.

Nous ne citerons qu'un exemple, et nous l'emprunterons aux États-Unis d'Amérique, qui l'ont donné, il y a quelques années, au milieu des violentes secousses qui agitaient le pays.

La statistique fut alors soumise à une épreuve des plus brillantes : les tailles de 25.878 volontaires furent relevées avec soin, d'après les instructions officielles du bureau de l'adjudant général. Deux tiers de ces volontaires étaient du nord-est (la nouvelle Angleterre), et les trois cinquièmes des autres venaient des États nord-ouest : de l'Iowa, Indiana, Michigan et Minnesota. Nous reproduisons exactement le tableau que renferme le recueil où fut publié le résultat des recherches entreprises. On y a joint les nombres qui furent calculés pour faire la vérification de la loi que j'avais fait connaître [1].

Je me bornerai à citer cet exemple pour montrer combien la similitude des nombres, déduits de l'observation, est d'accord avec les nombres que donne le calcul. Les valeurs obtenues, dans d'autres pays, donnent la même confirmation des résultats qu'ont déduits

[1] Le travail dont il s'agit a paru dans l'ouvrage intitulé : *Internationaler statistischer Congress in Berlin*, 1 vol. in-4°. Berlin, 1865. — On peut lire, à la page 728 de ce volume, les lignes suivantes : « Statistical researches, conducted by M. Quetelet of Belgium, have established the fact, previously contested, of the existence of a *human type*, and that the casual *variations* from it are subject to the same symmetrical law in their distribution as that, which the doctrine of probabilities assigns to the distribution of *errors of observation*. In the accompanying tables, showing the distribution of heights and of measurements of the circumference of chests of American soldiers, the conclusions of this eminent statist and mathematician are strikingly confirmed. » (ON THE MILITARY STATISTICS OF THE UNITED STATES OF AMERICA.)

Les documents dont nous parlons ont été communiqués par M. Elliott, l'un des savants Américains qui avaient pris part à la vérification des résultats, à la réunion du Congrès statistique tenue à Berlin en 1865. Le tableau que nous donnons ci-après a été inséré page 748 du Compte-rendu du congrès précité.

MESURES de HAUTEUR MÉTRIQUE.	NOMBRES des recensés par différence de hauteur de 0m0255.	PROPORTION de la hauteur de 1000 conscrits mesurés.	
		OBSERVÉS.	CALCULÉS.
De 1,397 à 1,524	31	1	2
1,549	15	1	3
1,575	50	2	9
1,600	526	20	21
1,626	1237	48	42
1,651	1947	75	72
1,676	3019	117	107
1,702	3475	134	137
1,727	4054	157	153
1,753	3631	140	146
1,778	3133	121	121
1,803	2075	80	86
1,829	1485	57	53
1,854	680	26	28
1,880	343	13	13
1,905	118	5	5
1,930	42	2	2
De 1,956 à 2,007	17	1	0
De 1,397 à 2,007	25878	1000	1000

les observateurs américains. Et, je le répète encore, cette identité ne se rapporte pas seulement aux tailles, mais à toutes les autres qualités de l'homme : qualités physiques, intellectuelles ou morales; elles se retrouvent même dans ce qui se rapporte aux animaux, dans ce qui appartient aux plantes. C'est, on peut le dire, une des lois les plus générales de la nature; et, si elle n'a pas été trouvée plus tôt, c'est qu'il fallait des observations nombreuses et bien faites pour la reconnaître, et pouvoir compter sur l'aide d'hommes de la plus grande distinction comme savants et comme penseurs. Ce concours, heureusement, ne m'a point fait défaut, et je citerai toujours avec reconnaissance les noms de MM. Gluge, Schwann, Spring, Lengrand, comme zoologistes; Madou, Calamatta, Robert, etc., comme dessinateurs.

Je n'insisterai pas davantage sur les travaux que j'ai entrepris, dans mes loisirs, pour arriver à ces résultats, et pour les poursuivre ensuite patiemment chez les animaux et chez les plantes. Je m'en suis occupé depuis ma jeunesse et j'avais intérêt à ne pas ébruiter des recherches qui auraient pu nuire à ma position. Quant aux résultats, j'ai vu depuis que je n'aurais rien gagné à les publier plus tôt, car aujourd'hui encore je reconnais que la plupart des hommes font difficulté d'y croire.

Ainsi que nous l'avons déjà dit précédemment, l'idée qui prédomina surtout, dans la formation d'un congrès statistique, fut de mettre de l'unité dans les travaux des nations les plus éclairées et de rendre ces travaux facilement comparables entre eux. Il ne fut d'abord question que de réunir les délégués des gouvernements et de s'assurer de leur concours; mais on vit bientôt combien on aurait à gagner en appelant aussi les statisticiens les plus habiles, pour profiter de leurs conseils. Après les réunions successives de Bruxelles, de Paris et de Vienne, on comprit néanmoins qu'il convenait, avant la réunion générale, de s'entendre séparément sur les besoins mutuels des pays et sur un plan commun qu'on aurait à suivre; on sentit qu'il fallait un langage uniforme pour abréger les travaux et pour amener l'unité tant désirée entre les gouvernements.

La première réunion particulière pour cet objet eut lieu à Londres. Dans une séance toute *spéciale,* tenue avant l'assemblée générale du congrès, les délégués des nations, après avoir entendu les explications fournies par le président du premier congrès, tenu à Bruxelles, s'accordèrent parfaitement sur la marche à suivre et l'on chargea le promoteur de l'entreprise de donner publiquement connaissance, à la réunion, du plan qui avait été arrêté pour tâcher d'arriver à la formation d'une *statistique internationale* (1).

Les propositions présentées furent écoutées avec la plus grande bienveillance et adoptées unanimement (2), mais à condition que l'auteur fournirait lui-même le premier modèle du travail proposé et qu'il en présenterait la rédaction dans un prochain congrès.

Ce spécimen fut entrepris immédiatement après et soumis partiellement au congrès international de statistique dans sa réunion suivante, qui eut lieu à Berlin (3); l'ouvrage entier ne tarda pas à paraître à Bruxelles, avant même la réunion tenue à Florence (4).

(1) Voir, page 57 du présent écrit, le rapport lu par M. Quetelet en assemblée générale du 19 juillet 1860.

(2) Voici ce qu'on lit, à ce sujet, dans le *Compte-rendu* du congrès de Londres, page 121. — « Le Dr Farr (secrétaire général) prit alors la parole et s'exprima de la manière suivante : This is a very important proposal which M. Quetelet has made, for a conference of the official delegates to agree to a common set of forms for use in their respective countries. Perhaps it would be well if some of our distinguished colleagues would kindly express their opinion upon it. I think it would be exceedingly useful if we could carry it out practically. »

CHAIRMAN (the right honourable lord Brougham). — « I think it is a very judicious proposal, and that we ought to appoint a special committee to consider and report upon it at a future meeting... »

Dr FARR. — « It is understood that the important proposal of M. Quetelet is referred to the official delegates, who will report on it to-morrow or the next day. (The delegates whose names are mentioned in M. Quetelet 's Report expressed their concurrence in its objects : no further report was therefore necessary. — *Editor*). »

(3) Voyez plus haut, page 49.

(4) Il avait pour titre : STATISTIQUE INTERNATIONALE (POPULATION) *publiée avec la collaboration des statisticiens des différents États de l'Europe et des États-Unis d'Amérique*, par Ad. Quetelet, président, et

Ce ne fut néanmoins que dans la session tenue à La Haye, pendant le mois de septembre 1869, que le Congrès arrêta définitivement le plan général qu'il convenait de suivre. M. Engel, l'actif et intelligent délégué du gouvernement prussien, proposa en détail le plan déjà présenté à Londres par M. Quetelet. Il fut soutenu par la plupart des membres de l'assemblée, qui firent pleinement ressortir, comme lui, les avantages que retireraient les différents États, et le public en général, d'un travail entrepris sur une aussi vaste échelle.

Les statisticiens les plus capables s'attachèrent à montrer l'importance qu'il y aurait à substituer des données sûres et comparables à des valeurs en général grossièrement déterminées jusqu'alors, et ne portant aucun caractère d'homogénéité.

La répartition du travail fut ensuite adoptée telle que nous l'avons donnée page 107.

Chaque pays publiera donc la partie qui lui a été attribuée par l'assemblée générale de La Haye ([1]) : cette partie sera imprimée sous les yeux de l'auteur, en ayant égard au format et au type convenus pour établir l'unité. On imprimera l'ouvrage à deux mille exemplaires, dont mille seront réservés aux différents États qui auront concouru à établir la publication. Les mille autres exemplaires seront livrés au commerce par les soins de la librairie. L'entreprise projetée ne sera point toutefois une opération commerciale ; elle est appelée à former un document important, que les pays intéressés seront heureux sans doute de mettre à la portée du public, aux moindres frais possibles.

C'est ainsi qu'avec l'aide des délégués des diverses puissances, on pourra coordonner les documents statistiques et les rendre facilement comparables entre eux. On obtiendra sans peine et sans dépenses considérables, une *Statistique internationale* de la plus grande utilité, qui présentera constamment l'image la plus exacte des travaux des différentes nations : ce sera une espèce de miroir, dans lequel viendront se refléter, sous les formes les plus nettes, le mouvement et l'activité des principaux peuples du monde civilisé.

Parmi tous les travaux qui ont successivement occupé le Congrès international de statistique, pendant les huit sessions qu'il a tenues, nous devons encore mentionner, comme méritant de fixer tout particulièrement l'attention, ceux relatifs à la formation de tables de mortalité.

On sait que ce fut le savant Halley, directeur de l'Observatoire royal de Greenwich,

Xav. Heuschling, secrétaire de la Commission centrale de statistique. Bruxelles, Hayez, 1865 ; 1 vol. in-4°. — L'introduction avait pour auteur M. Quetelet ; quant aux tableaux fournis par les statisticiens étranger, ils avaient été recueillis et coordonnés par les soins de M. Heuschling.

([1]) On a pu voir, dans le Compte-rendu du congrès de Saint-Pétersbourg, pages 122 et suivantes, quel était, à l'époque de notre dernière réunion, c'est-à-dire en 1872, le degré d'avancement du travail projeté.

qui, le premier, produisit une table de mortalité pour l'espèce humaine. Bientôt cette table, en faisant entrer dans sa composition la considération des facultés et des besoins de l'homme, donna lieu aux tables générales de mortalité sur lesquelles furent basées les différentes sociétés d'assurances. Ces tables étaient généralement très-dissemblables, d'après les services auxquels on les employait : les unes étaient à mortalité rapide, d'autres à mortalité lente; mais, comme d'une part, le désir d'obtenir un bénéfice conjectural, et que de l'autre, des opérations mal combinées ou dirigées avec fraude, détruisaient souvent les effets attendus, il fallut marcher avec plus de soins et de prudence, et l'on sentit la nécessité d'avoir des tables, en ayant égard non-seulement aux âges, mais encore à l'état de fortune ou à la profession des assurés.

Cette manière plus conforme de procéder conduisit à des résultats plus sûrs, mais qui, par cela même, ne présentaient plus la généralité qu'on pouvait désirer au point de vue scientifique. Il devint nécessaire de recourir à des cas particuliers : on dut organiser des tables de mortalité, et, par suite, des tables d'assurances pour les militaires, pour les ouvriers, etc.

Mais si, dans chaque pays, on prend l'homme dans toute son indépendance, les choses changent de beaucoup : on arrive à une régularité qui devient extrêmement sensible, surtout après avoir dépassé l'enfance, c'est-à-dire l'âge où l'homme cesse de marcher sous la main et le vouloir de conducteurs dont les habitudes peuvent varier notablement d'un pays à l'autre. Cette différence n'a pas été assez remarquée, et, cependant, elle est considérable. Aussi la mortalité de l'enfance, et surtout de la première enfance, est, dans certains pays, beaucoup plus faible que dans d'autres : que l'on compare, par exemple, la mortalité des enfants en Norwége et en Bavière, et l'on aura, à ce sujet, la plus entière conviction.

Nous nous trouvons forcés, par conséquent, d'avoir égard aux pays, quand on considère la mortalité de chaque âge; dans les uns, cette mortalité est faible, tandis qu'elle est très-grande dans d'autres. La différence diminue beaucoup dans des âges où l'homme se conduit d'après ses propres vues et selon ses propres besoins. Il existe bien encore des inégalités dans le chiffre de la mortalité de chaque âge, mais cette inégalité, nous le répétons, se remarque surtout dans la première enfance.

Comme nous venons de le dire, il y a un instant, toutes les tables construites, jusque dans ces derniers temps, concernaient plus spécialement l'une ou l'autre partie de la population d'un pays : il n'était guère question de la société tout entière.

Frappé du peu d'homogénéité et de similitude qu'offraient ces tables, je cherchai les moyens de parvenir à former des *tables générales,* et je m'adressai, à cet effet, à plusieurs membres de notre Congrès international. Je trouvai sept savants très-connus, d'un talent marquant, qui voulurent bien répondre à mon appel. C'étaient M. Kiaer, pour la Norwége; M. Berg, pour la Suède; M. Farr, pour l'Angleterre; M. von Baumhauer, pour les Pays-Bas; M. Gisi, pour la Suisse; M. Bertillon, pour la France, et M. de Hermann, pour la Bavière. Je joignis à leurs tables, qu'ils me transmirent avec une extrême obligeance, celle que j'avais construite pour la Belgique.

Le tableau qui suit donne les tables de mortalité de huit pays différents, avec la distinction des hommes et des femmes. De plus, les résultats sont pris de cinq en cinq ans. En jetant un coup d'œil sur ces tables, on remarque facilement que les différences qu'elles présentent sont peu considérables.

Tables de mortalité (hommes et femmes).

AGE.	Norwége.		Suède.		Angleterre. (1)		France.		Belgique.		Pays-Bas.		Bavière. (2)		Suisse.	
	Hommes.	Femmes.	Hommes.	Femmes.	Hommes.	Femmes.	Hommes.	Femmes.	Hommes.	Femmes.	Hommes.	Femmes.	Hommes.	Femmes.	Hommes.	Femmes.
0	500	500	500	500	512	488	500	500	500	500	500	500	500	500	500	500
5	401	410	377	391	370	367	348	362	337	368	338	351	342	373	354	372
10	386	394	361	376	355	353	334	347	341	348	322	334	325	356	345	361
15	377	384	353	368	345	340	326	338	328	333	315	324	316	349	339	353
20	367	375	344	359	334	329	316	326	315	320	304	314	306	337	331	345
25	353	364	332	349	319	315	300	311	301	304	290	301	290	324	320	333
30	339	352	318	338	305	299	287	297	284	289	273	286	275	307	309	320
35	325	338	303	324	280	283	276	283	268	275	260	268	260	289	298	305
40	311	324	284	309	272	267	264	269	251	260	245	249	246	271	285	288
45	295	308	263	291	254	249	249	255	234	242	227	232	230	252	267	271
50	278	292	238	273	235	231	235	240	217	223	208	215	211	230	248	253
55	257	275	210	250	209	212	214	222	197	200	183	195	188	205	225	230
60	233	253	179	222	182	188	190	199	168	177	155	172	162	174	198	201
65	202	226	145	187	151	158	158	168	132	152	126	143	128	130	161	162
70	163	186	104	142	114	124	120	129	97	119	92	106	94	97	114	111
75	115	135	64	93	76	85	80	85	65	70	58	68	58	56	68	66
80	70	87	30	48	41	49	42	47	34	41	29	35	26	28	30	27
85	32	43	9	17	17	22	16	21	13	18	10	12	10	12	10	10

(1) L'Angleterre a donné l'état réel de sa population masculine et féminine, c'est-à dire 512 hommes sur 488 femmes, tandis que les sept autres pays ont comparé la population masculine à la population féminine, non pas comme elle était effectivement, mais en comparant ce qui restait de 500 individus, d'année en année, ce qui constituait évidemment un avantage numérique en faveur des hommes.

(2) Les nombres de la Bavière, à partir de 5 ans, ont été augmentés d'un cinquième.

Six des tables qui précèdent sont, comme on le voit, à peu de chose près conformes à celle que j'ai dressée moi-même pour notre pays. L'une d'elles, celle de Norwége, met en évidence un fait assez remarquable : c'est que, à égalité d'âge, sur un même nombre de naissances, ce pays produit un plus grand nombre d'individus survivants. En Bavière, par contre, le nombre des survivants est beaucoup moindre, et particulièrement pendant l'enfance. Les causes de cet avantage, d'un côté, et de ce désavantage, de l'autre, sont faciles à concevoir [1].

Si, après la correction faite pour la mortalité de la Bavière, nous recherchons quel est le pays offrant le signe de la mortalité la plus grande, nous trouvons que les sept pays : Suède, Angleterre, France, Belgique, Pays-Bas, Suisse et Bavière, sont à peu près sur le même rang. Une légère exception se manifeste cependant : le royaume des Pays-Bas donne un chiffre de survivants un peu plus faible que les sept autres pays.

D'après la manière dont les chiffres sont placés et se comportent, pour la grandeur, les uns à l'égard des autres, il semble prouvé que les idées sur la mortalité, dans les nations, sont en général des plus fautives : *ces chiffres suivent admirablement la même marche.* Les différences qui s'observent procèdent de la façon la plus régulière et m'ont extrêmement étonné, je l'avoue, lorsque j'ai pu reconnaître leur accord.

En résumé, nous croyons pouvoir dire que les tables de mortalité que nous donnons ci-contre sont peu éloignées de présenter toute la justesse qu'on peut en espérer. Elles ont été adoptées depuis longtemps par sir John Herschel, qui, à coup sûr, était aussi bon calculateur qu'on peut l'être. Quant aux causes naturelles qui produisent les différences que nous remarquons encore, elles ne peuvent être évitées, car chaque climat a ses effets particuliers qui agissent plus ou moins énergiquement et doivent laisser leurs traces.

(1) Voir, pour plus amples développements, notre travail intitulé : *Tables de mortalité*, publié en 1872 et présenté au congrès international de statistique de St-Pétersbourg.

TABLE DES MATIÈRES.

www.ingramcontent.com/pod-product-compliance
Ingram Content Group UK Ltd.
Pitfield, Milton Keynes, MK11 3LW, UK
UKHW020336230726
13925UKWH00002B/825